认识海洋丛书

刘芳 主编

生长在海洋中的植物

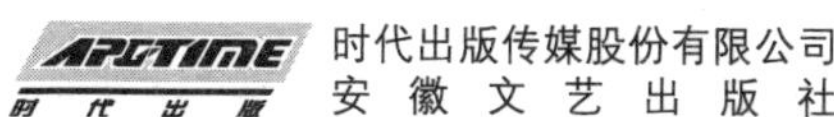

时代出版传媒股份有限公司
安徽文艺出版社

图书在版编目（CIP）数据

生长在海洋中的植物 / 刘芳主编. — 合肥：安徽文艺出版社，2012.2（2024.1 重印）

（时代馆书系·认识海洋丛书）

ISBN 978-7-5396-3984-0

Ⅰ. ①生… Ⅱ. ①刘… Ⅲ. ①海洋生物学：水生植物学—青年读物②海洋生物学：水生植物学—少年读物 Ⅳ. ①Q948.885.3-49

中国版本图书馆 CIP 数据核字(2011)第 247532 号

生长在海洋中的植物

SHENGZHANG ZAI HAIYANG ZHONG DE ZHIWU

出 版 人：朱寒冬

责任编辑：汪爱武　　装帧设计：三棵树　文艺

出版发行：安徽文艺出版社　www.awpub.com

地　　址：合肥市翡翠路 1118 号　邮政编码：230071

营 销 部：(0551)3533889

印　　制：唐山富达印务有限公司　电话：（022)69381830

开本：700×1000　1/16　印张：10　字数：154 千字

版次：2012 年 2 月第 1 版

印次：2024 年 1 月第 3 次印刷

定价：48.00 元

前　言

在辽阔而富饶的海洋里，除了生活着形形色色的动物之外，还有种类繁多、千姿百态的海洋植物。海洋植物可以简单地分为两大类：低等的藻类植物和高等的种子植物。

藻类植物大小悬殊，最小的海洋单胞藻类个体微小，只有在显微镜底下才能看见，而最大的巨藻则可达二三百米长，堪称藻类之冠。海洋中的种子植物如大叶藻、红树等种类较少。

海洋植物是海洋世界的“肥沃草原”，它不仅是海洋鱼、虾、蟹、贝、海兽等动物的天然“牧场”，而且是人类的绿色食品，也是用途广泛的工业原料、农业肥料的提供者，还是制造海洋药物的重要原料。有些海藻，如巨藻还可作为能源的替代品。光是海洋植物的能源，温度是海洋植物的生长要素，矿物质营养元素是海洋植物的养料。

海藻是海洋生物中的一个大家族。从显微镜下才能看得见的单细胞硅藻、甲藻，到高达几百米的巨藻，有8000多种。褐藻是海洋中特有的藻类植物，其特点就是体型巨大，巨藻、墨角藻、囊叶藻、海带、马尾藻就是其中著名的褐藻。海带是我国人民喜欢食用的海产品。它不但海味十足，而且营养丰富，含有碘等多种矿物质和维生素，能够预防和治疗甲状腺（俗称大脖子）病。具有食用和药用价值的海藻还有我国人民十分熟悉的紫菜、裙带菜、石花菜，等等。中国和日本等东方国家的人民食用海藻和以海藻入药的历史非常久远。历史上英国海员有用红藻预防和治疗坏血病的记录，爱尔兰人民也有过依赖红藻、绿藻渡过饥荒年的记载。西方国家食用海藻的习惯不如东方国家普遍。一位西方国家的海洋学家曾发出感叹：中国、日本人食用海藻就像美国人、英国人吃番茄一样普遍。他希望有一天，西方人也像东方人那样养成食用海藻的习惯。

本书对海洋植物分门别类进行介绍，相信读者在阅览姿态万千、异彩纷呈的海洋植物的同时，一定会增长知识，更加了解和认识海洋。

目　　录 CONTENTS

海洋植物概述

海洋植物的种类

认识海洋植物

海洋植物是海洋中利用叶绿素进行光合作用以生产有机物的自养型生物。海洋植物属于初级生产者，门类甚多，从低等的无真细胞核藻类（即原核细胞的蓝藻门和原绿藻门），到具有真细胞核（即真核细胞）的红藻门、褐藻门和绿藻门，及至高等的种子植物等13门，共1万多种。

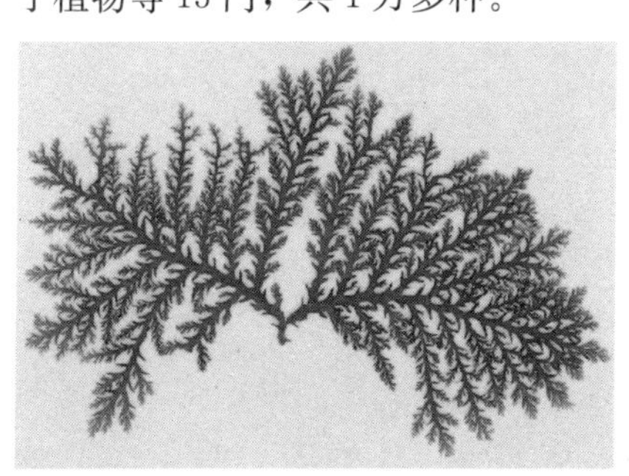

海　草

海洋植物的形态复杂，个体大小有2～3微米的单细胞金藻，也有长达60多米的多细胞巨型褐藻；有简单的群体、丝状体，也有具有维管束和胚胎等体态构造复杂的乔木。海洋里的植物都称为海草，有的海草很小，要用显微镜放大几十倍、几百倍才能看见。它们由单细胞或一串细胞构成，长着不同颜色的枝叶，并靠着枝叶在水中漂浮。单细胞海草的生长和繁殖速度很快，一天能增加许多倍。虽然，它们不断地被各种鱼虾吞食，但数量仍然很庞大。

大的海草有几十米甚至几百米长，它们柔软的身体紧贴海底，被波浪冲击得前后摇摆，但却不易被折断。海草的经济价值很高，像中国浅海中的海带、紫菜和石花菜，都是很好的食品，有的还可以提炼碘、溴、氯化钾等工业原料和医药原料。

海草是海洋动物的食物。有些海洋动物是食草的，另外一些是靠吃食草动物来维持生命的，所以，海洋中的动物多是靠海草来养活的。

海草像陆上的植物一样，没有阳光就不能生存。海洋绿色植物在它的生命过程中，从海水中吸收养料，在太阳光的照射下，通过光合作用，合成有机物质（糖、淀粉等），以满足海洋植物生活的需求。光合作用必须有阳光，但阳光只能透入海水表层，这使得海草仅能生活在浅海或大洋的表层，大的海草只能生活在海边及水深几十米以内的海底。

海草像陆上的植物一样，没有阳光就不能生存

海洋植物以藻类为主。海洋藻类都是简单的光合营养的有机体，其形态构造、生活样式和演化过程均较复杂。它们介于光合细菌和高等植物——维管束植物之间，在生物的起源和进化上占有极为重要的地位。海洋种子植物的种类不多，都属于被子植物，没有裸子植物，通常分为红树植物和海草两类。它们和栖居的多种生物，组成沿岸生物群落。

海洋植物还包括一类藻菌共生体——海洋地衣。它们的种类不多，见于潮汐带，尤其是潮上带；其中大西洋沿岸多于太平洋沿岸。传统上隶属于海洋植物的海洋细菌和海洋真菌，已随细菌和真菌的单独成界而分离出来。

藻类植物

藻类是含有叶绿素和其他辅助色素的低等自养型植物，植物体为单细胞、单细胞群体和多细胞 3 种。藻类没有真正的根、茎、叶的区别，整个植物就是一个简单的叶状体。藻体的各个部分都有制造有机物的功能，因此藻类也叫叶状体植物。海藻是海洋植物的主体，是人类的一大自然财富，目前可用作食品的海洋藻类有 100 多种。

海藻生长在低潮线以下的浅海区域——海洋与陆地交接的地方，这里海浪的冲击力比较缓和，海水中含有丰富的矿物质，加上阳光充足，所以无论是红藻或褐藻，虽然颜色不同，都含有叶绿素，可以利用日光进行光合作用，它们进行光合作用时所释放出来的氧气，更是动物们呼吸所不可缺少的；海洋世界之所以如此缤纷热闹，海藻的功劳实不可没。

海藻因其外形、颜色、姿态而有不同的种类，经常被人用来料理烹调的有：紫菜、群带菜（海带芽）、海带、红毛苔等。目前已知的海藻种类约为2300种，藻类大小形状差异甚大，最小的如单细胞的单胞藻，长度仅5～25毫米，也有长达300米的昆布，可以绕房子好几圈。有些为群体、管状、丝状或薄膜状。涨潮时，海藻随着海水的水流漂动，一簇簇的好像一片海洋森林，也是鱼、虾、贝类的托儿所。退潮时，海藻则无精打采地瘫在岩石表面上，显出一副可怜相，原来它们竟是如此可爱的海中植物。

海藻大小形状差异甚大

海藻虽然和一般植物类似，但事实上，它们没有植物的基本构造，没

海藻没有根、茎、叶等组织

有根、茎、叶等组织，海藻的根只有固着作用，没有吸收养分的功能。固着部分长出的茎状结构称为叶柄，这些叶柄都要靠海水浮力来支撑，所以依藻类的生态习性，藻类必须有稳固的基底才能附着。

科学家根据海藻所吸收太阳光谱中的某种色系来为它们命名。生长在浅海的绿藻会吸收红色光谱，绿藻的种类有石发、石莼、水棉等。红藻能吸收蓝光，红藻有紫菜、石花菜、鸡冠菜等。褐藻则界于红、绿藻之间，最常见的是海带及裙带菜。海藻除了当食物外，还能制造氧气，大气中

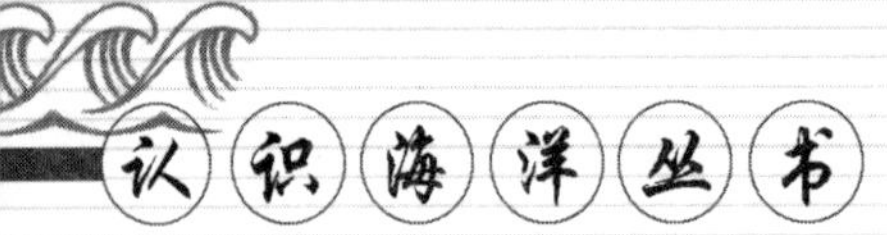

50%的氧气是藻类进行光合作用释放出来的，这和人类生存环境有着密切的关系。

有的海藻尽管颜色不同，但都含有叶绿素

藻类和一般的高等植物一样，在生态系统中扮演初级生产者的角色，是鱼、虾等的食物来源。人类也视其为重要营养成分。消暑圣品洋菜果冻，就是以海藻的提炼物“洋菜”为冻胶做成的。小孩热衷的各式海苔均以海藻为原料，日式寿司那黑黑的外皮更是非海苔制作不可。近年诸多保健补血食品、肥料、制药甚至提炼工业用的石油，也都以海藻为诉求，这么大的需求量会不会让原料枯竭呢？

虽然海藻的天敌多，但其生命力却相当强，因为死后的海藻成体仍可长出新芽取代死去的个体，或从孢子中发芽成长，让生命生生不息地繁衍下去。加上近年实验出来的人工养殖方式，海藻应是无虞匮乏。

如果你知道这些海味的营养价值，你会更珍惜这些海底植物。根据“台湾海产常用食品之营养成分表”，紫菜的营养成分非常丰富，蛋白质含量很高，比鸡肉、鸡蛋、猪肉还高；含铁量也高，高于鸡肝、猪肝、牛肝8倍多；而且含钙量高于乳类7倍多。

海带营养成分和紫菜有一定差异，可防癌，这与它含有大量的硒有关。

裙带菜虽然整条质地柔软，却只有嫩叶部分被采摘之后晒干出售。通常市场看到的裙带菜，表面一层灰状，叶身茶褐色，煮熟后则是绿色。它的功用和紫菜、海带相同。

海洋种子植物

海洋种子植物是海洋中能开花结果的高等植物。它们的种类不多，只有红树植物和海草两类，一般不包括盐沼植物。

红树植物是热带和亚热带海滩上特有的木本植物。它们常常形成高矮不同的乔木或灌木丛林，形成红树林。风浪比较平静、污泥淤积比较深厚且有潮水淹没的浅海海湾和河口附近，最适宜红树植物的生长。

红 树

红树植物长期生长在特殊生境中，在形态构造上有着一系列特征：①有抵抗风浪和适应松软且缺氧泥滩的特殊根系，如支柱根、板状根、榄状根、出水呼吸根和气生根等；在皮层中有丰富的通气组织，外围有较厚的木栓层。②有胎萌现象。幼苗在母体果实中萌发，胚体伸长呈棒状，成熟降落后漂浮于水面，有的扎入泥滩定居。③叶片角质层加厚，气孔下陷，并局限于叶片下面部位；有贮水组织，叶脉尖端扩大成为贮水的管胞；栅栏组织细胞间有长形的石细胞或韧皮状机械细胞，叶内几无细胞间隙；上、下皮层外部有含单宁的细胞层，下表皮密生茸毛，上表层具盐腺系统能泌盐，以适应盐生生境的生理干旱。④树皮富含单宁，高者可达20%～30%，以增强抗拒海水侵蚀的能力。

世界上属于红树植物的科、属、种数，迄今统计数据不完全一致。这是由于对红树林沼泽边缘以及潮汐偶然到达的河流两岸所生长的一些植物，是否归属红树植物有着不同的看法。根据美国 C.J. 道斯 1981 年的统计，全世界已知的红树植物共有 18 科 23 属 80 种，分别隶属于双子叶植物纲和单子叶植物纲。最大分布中心在东南亚，种数达 65 种，美洲东、西两岸和西非洲海岸的种数都很少，分别为 11 种、9 种和 9 种。

中国目前已知的红树植物有 16 科 19 属 30 种，分布于广西、广东、台湾和福建四省（区）。海南岛种类较多，有 15 科 28 种，向北逐渐减少，福建只有 6 科 7 种，到福建福鼎则只有 1 种。福建以北，气候条件不

红树植物是热带和亚热带
海滩上特有的木本植物

适于红树的生长。中国的红树植物中以红树科的木榄、红树、角果木和秋茄等属为主。目前中国最高大的红树植物为红树科的海莲和海桑科的海桑，高达 15 米；分布最南的为海南岛三亚的红树；最北的为台湾淡水和福建福鼎的秋茄；分布最广的是灌木桐花树（又名蜡烛果）等。

海草是生活在热带和温带海域沿岸浅水中的单子叶植物，常在沿岸潮下带浅水中形成海草场。它们具有重要的生态作用，其生物生产力在热带海洋中是最高的。

海草为适应生活环境，在形态构造上也有一些相应的特征：①有发育良好的根状茎（水平方向的茎），使各个个体在附着基上交织生长以巩固植体，进而形成海草场。②叶片柔软，呈带状或切面构造为圆柱状，以便在海水流动时保持直立；叶片内部有规则排列的气腔，以便于漂浮和进行气体交换。③花着生于叶丛的基部，雄蕊（花药）和雌蕊（花柱和柱头）高出花瓣以上；花粉一般为念珠形且粘结成链状，以借海水的流动受粉。

海草在世界上分布广泛

海草属于沼生目，现知 12 属 49 种，隶属于两科：①眼子菜科，花粉粒呈伸长形。包括大叶藻属、虾形藻属、异叶藻属、二药藻属、海神草属、针叶藻属、全楔草属、根枝草属。②水鳖科，花粉粒呈圆球形。包括海菖蒲属、海龟草属、喜盐草属。

大叶海草

海草在世界上分布广泛，有 7 属产于热带，5 属见于温带；3/4 的种类产于印度洋和西太平洋，一些种类产于加勒比海和中美洲太平洋岸；欧洲大西洋沿岸仅 1 属，地中海有 2 属。中国沿海现知有 8 属海草，其中海菖浦、海黾草、喜盐草、海神草、二药藻和针叶藻等 6 属是暖水性的，产于广东和广西沿海；虾形藻和大叶藻属是温水性的，主要分布在辽宁、河北和山东沿海，其中日本大叶藻南伸到中国福建和香港沿海。

海草类在某些沿岸海域形成广大的海草场，由于这一带腐殖质多，浮游生物也随之增多，因此成为幼虾稚鱼优良的繁生场所，亦利于某些海鸟的栖息。北欧的大叶藻场曾经由于真菌病害大量死亡，从而影响了海鸟的生存，引起科学界的重视并组织力量抢救。大叶藻和虾形藻等的干草是良好的保温材料和隔噪音材料，可用于建筑业。

海底森林

海底森林就是世界稀有的树种红树林，这种生长在海底的红树林高低参差不齐，最高的可达 5 米。它们落潮时从滩地露出，涨潮时被海水吞没，只有高一些的，微露梢头，随波摇晃，各种各样的鸟儿就在树梢歇脚，白鹭、苍鹭、黑尾鸥都是这里的常客。斑鸠还长年在较高的树上筑巢安家。海底森林的树木共有 5 科 6 种。它们的根部特别发达，盘根错节，绕来缠去，千姿百态，很有观赏价值。在有 680 千米海岸线的福建漳州沿海，红树林资源异常丰富。漳州市云霄县漳江出海口就有千亩红树林。

红树林

红树林是生长在海水中的森林，是生长在热带、亚热带海岸及河口潮间带特有的森林植被。它们的根系十分发达，盘根错节于滩涂之中。涨潮时，它们被海水淹没，或者仅仅露出

绿色的树冠，仿佛在海面上撑起一片绿伞。潮水退去，则成一片郁郁葱葱的森林。

红树林

红树林海岸主要分布于热带地区。南美洲东西海岸及西印度群岛、非洲西海岸是西半球红树林生长的主要地带。在东方，以印尼的苏门答腊和马来半岛西海岸为中心分布区。沿孟加拉湾——印度——斯里兰卡——阿拉伯半岛至非洲东部沿海，都是红树林生长的地方。澳大利亚沿岸的红树林分布也较广。印尼——菲律宾——中印半岛至我国广东、海南、台湾、福建沿海也都有分布。由于黑潮暖流的影响，红树林海岸一直分布至日本九洲。

红树林主要分布于热带地区

中国的红树林海岸以海南省发育最好，种类多，面积广。红树植物有10余种，有灌木也有乔木。因其树皮及木材呈红褐色，因而称为红树、红树林。红树的叶子不是红色，而是绿色。枝繁叶茂的红树林在海岸形成的是一道绿色屏障。红树林发育在潮滩上。这里很少有其他植物立足，唯有红树林抗风防浪，形成独特的红树林海岸。

红树能从沼泽性盐渍土中吸取水分及养料

红树具有高渗透压的生理特征。由于渗透压高，红树能从沼泽性盐渍土中吸取水分及养料，这是红树植物能在潮滩盐土中扎根生长的重要条件。红树的根系分为支柱根、板状根和呼吸根。一棵红树的支柱根有30余条。这些支柱根像支撑物体最稳定的三脚架结构一样，从不同方向支撑着主干，使得红树经得起风吹浪打。这样的红树林，对保护海岸稳定起着重要的作用。例如，1960年发生在美国佛罗里达的特大风暴，沿岸被毁坏的红树有几千棵，但是连根拔掉的很少。

红树植物的呼吸根，顾名思义，即起到呼吸作用。在沼泽化环境中，土壤中的空气极为缺乏。红树植物为了适应这种缺氧环境，呼吸根极为发达。呼吸根有棒状也有膝曲状的。有的纤细，其直径仅有0.5厘米，有的粗壮，直径达10～20厘米。红树植物板状根是由呼吸根发展而来。板状根对红树植物的呼吸及支撑都有利。红树植物根系的特异功能，使得它在涨潮被水淹没时也能生长。红树植物以如此复杂而又严密的结构与其生长的环境相适应。红树植物的种子成熟后在母树上萌芽，幼苗成熟后，由于重力作用使幼苗离开母树下落，插入泥土中，这种“胎生”现象在植物界是很少见的。更使人们惊奇的是，幼苗落入泥中，几小时后就在淤泥中扎根生长。有时从母树落下的幼苗平卧于土上，也能长出根，扎入土中。当幼苗落至水中时，它们随海流飘泊。有时在海水中漂泊几个月，甚至长达一年也未能找到它生长所需的土壤。然而，一旦遇到条件适宜的土壤就立即扎根生长。红树革质的叶子能反光，叶面的气孔下陷，有绒毛，在高温下能减少蒸发，因此具有耐旱的生态特征。它叶片上的排盐腺可排除海水中的盐分。除了胎萌以外，红树植物还具有无性繁殖即萌蘖能力。在它们被砍伐后，很快在基茎上又萌发出新的植株。

繁茂的红褐绿藻

在水质肥沃的海洋沿岸，退潮以后常见到一些叶片很大的植物覆盖在岸边的礁石上，它们连在一起就像一张张巨大的地毯；而涨潮以后，这些植物又伸展开来，悬浮在海水之中，随波拂动，很像田野里茂密的青纱帐。这些植物就是海藻，它和随波逐流的单细胞藻相反，是固定在海底生活的多细胞藻类，所以也叫做定生藻类。

定生藻的种类很多，在生长茂密的地方往往呈现出五颜六色。有的像春风吹绿的江南，呈现一片翠绿；有的像金秋染就的霜叶，红似二月之花；有的像玻璃海棠，呈现一片褐色。这绿色的就叫绿藻，它之所以呈绿色是因为其细胞里含有叶绿素A

褐　藻

和叶绿素B；红色的是红藻，细胞里含有叶绿素A和叶绿素D；褐色的就叫褐藻，细胞里含有叶绿素A和叶绿素C，所呈现的颜色都是由两种叶绿素相混后而形成的。

个体长得最大、结构最为复杂的定生藻要算褐藻了。漂如彩绸的海带、形似马尾的马尾藻、长达50米的巨藻等都是褐藻。据记载，哥伦布当年在大西洋破浪航行时，忽见前方有一片风平浪静的区域，以为到了大陆了，便欣喜若狂，趋近一看，原来是一片海藻，船员们胆战心惊地奋战了几个昼夜才走出这片藻海。这就是马尾藻，那个海区从此被命名为马尾藻海。

拿起一棵海带就会看到它的底部有一段像树根一样的部分，这段像根的部分叫做固着器。它的作用就像轮船的锚一样，能将海藻体牢牢固定在海底的礁石上。海带还有一条像植物茎一样的主干部分，它的两侧是宽大的叶片。主干部分可以把叶片支撑起来，使它朝上浮起，有利于接受阳光，但它的强度还不足以将叶片托出水面。海带的叶片很宽，有利于它接受更多的阳光。

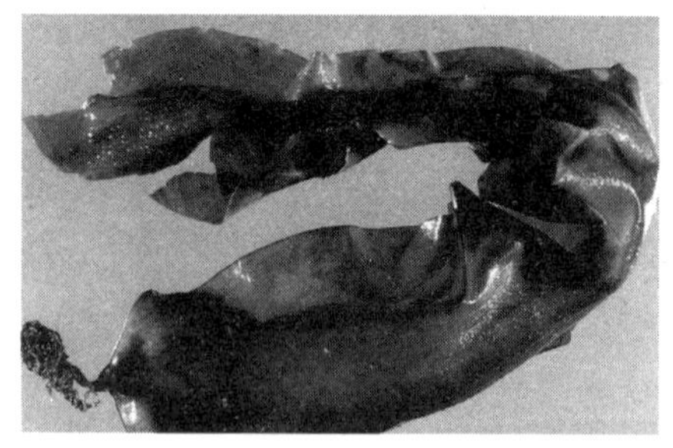
大型褐藻

表面上看来，定生藻也像陆地上的植物一样，有根有茎有叶，但实际上它们之间有着根本的不同。陆生植物，根扎在土壤之中，吸收水分和养料，经过茎部把养料运送到各个枝叶之上；而海藻还没有形成这种特殊的管道用来输送水和养料，可以说它的全身都是“嘴”，靠整个叶片从水里吸收营养。树木花草的叶子都有反正面，两面的颜色和作用却不大一样，但海藻的叶片却没有反正面，整个藻体包括茎和固着器都可以进行光合作用。有些大型褐藻，为了使叶片向上伸展开来，以便更好地接受阳光，往往有很多气囊长在叶片的两侧或茎上，气囊里充满了氮气、氧气和二氧化碳，其作用也像气球一样，使叶片比重减轻，永远悬浮在蓝色的海水之中，随波漂荡。

褐藻的生活史有两个阶段，人们往往叫它世代交替。平时我们所见到的叶片称为孢子体，因为它上面生长着无数被称做孢子囊的小囊，小囊里面装满生殖细胞，叫做孢子。到了生殖期，孢子囊破裂，大量带着鞭毛能活动的游动孢子一涌而出，纷纷游向海底，慢慢长成小的配子体。这种配子体有雌有雄，雄配子体产生出能活动的精子，游到雌配子体产生的不能流动的卵子处，二者结合而成为合子，这合子就会慢慢发育成一株新的海藻。

褐藻有1500多种，绝大多数生活在海洋里，只有1%的种类生活于淡水中；红藻有4100多种，有95%的种类生活在海洋里，如紫菜、红皮藻等；也许是急于向陆上发展的缘故，6000～7000种绿藻中只有15%的成员还留恋着大海，如浒苔、礁膜、石莼等，其余都跑到淡水里去了，难怪它成为陆生植物的祖先。我国海域有红藻463种、褐藻165种、绿藻207种，共835种，占世界总数的1/8。红藻要求的光照强度不是很高，所以它能栖身于水深250米的地方，褐藻在50米以下就不见踪影了，所以在大型褐藻遮挡的阴影里，常会发现有红藻。红藻在热带海域分布最广，由于它能分泌碳酸钙，所以对珊瑚礁的形成有着重要作用。

海　带

不少海藻是美味食品，在我国有着数千年的食用历史。人们都知道常吃海带就不会得粗脖子病（即甲状腺肿大），因为它含有丰富的碘（其含碘量比海水的含量高10万倍）。除碘外，海藻中还含有很多其他营养成分，既可供食用又是重要工业原料，用途相当广泛，所以，我国沿海开展

了大规模的海藻人工养殖，目前我国养殖海带的水平在世界上名列前茅。

海藻中还含有大量的钾。第二次世界大战期间，德国对美国实行钾盐禁运，迫使美国科学家从巨藻中提取氯化钾，用以生产肥料和火药。在大战期间仅加利福尼亚一个州就从海里收获巨藻150万吨。现在人们还从海藻中提取藻朊，用来制造医药品、黏合剂、稳定剂、乳化剂、化妆品、补牙剂、肥皂等。

这些种类繁多的大型藻类，既是海洋里有机物的生产者、食物链的基础，也是重要的海洋资源。

马尾藻海

马尾藻海又称萨加索（葡语葡萄果的意思）海，是大西洋中一个没有岸的海，大致在北纬20～35度、西经35～70度之间，覆盖大约500～600万平方千米的水域。马尾藻海围绕着百慕大群岛，与大陆毫无瓜葛，所以它名虽为“海”，但实际上并不是严格意义上的海，只能说是大西洋中一个特殊的水域。

马尾藻海是一个“洋中之海”，它的西边与北美大陆隔着宽阔的海域。其他三面都是广阔的洋面。所以它是世界上唯一没有海岸的海，因此也没有明确的海岸划分界线。

马尾藻海

马尾藻海上大量漂浮的植物马尾藻属于褐藻门、马尾藻科，是最大型的藻类，是唯一能在开阔水域上自主生长的藻类。这种植物并不生长在海岸岩石及附近地区，而是以大“木筏”的形式漂浮在大洋中，直接在海水中摄取养分，并通过分裂成片、再继续以独立生长的方式蔓延开来。据调查，这一海域中共有8种马尾藻，其中有2种数量占绝对优势。以马尾藻为主，以及几十种以海藻为宿主的水生生物又形成了独特的马尾藻生物群落。马尾藻海的海水盐度和温度比较高，原因是远离大陆而且多处于副热带高气压带之下，少雨而蒸发强；水温偏高则是因为暖海流的影响，著名的湾流经马尾藻海北部向东推进，北赤道暖流则经马尾藻海南部向西部流去；上述海流的运动又使得马尾藻海水流缓慢地做顺时针方向转动。

碧海蓝天——最清澈的海

马尾藻海最明显的特征是透明度高，它是世界上公认的最清澈的海。马尾藻海远离江河河口，浮游生物很少，海水碧青湛蓝，透明度深达66.5米，个别海区可达72米。一般来说，热带海域的海水透明度较高，达50米，而马尾藻海的透明度达66米，世界上再也没有一处海洋有如此之高的透明度。所谓海水透明度，是指用直径为30厘米的白色圆板，在阳光不能直接照射的地方垂直沉入水中，直至看不见的深度。

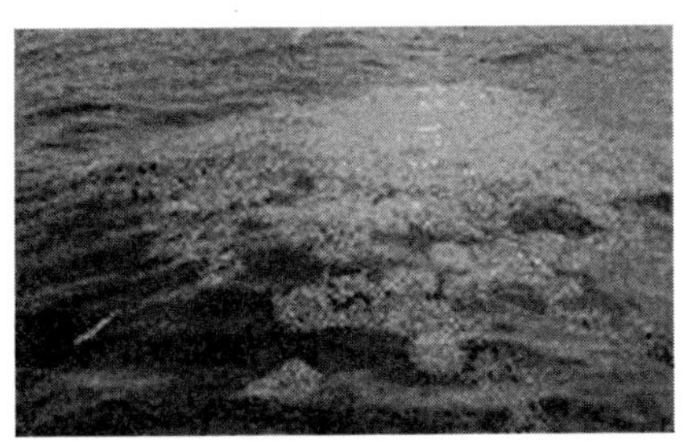

马尾藻海上的漂浮植物——马尾藻

马尾藻海在某些海区，透明度达到72米。每当晴天，把照相底片放在1000余米的深处，底片仍能感光。这是所有其他海区望尘莫及的。马尾藻还是一个十分奇特的海区，它所处的地理位置（北纬23～35度，西经40～75度）正是大西洋副热带高压中心，沿着高压中心的边缘经行的顺时针大洋环流形成了它的“海岸”，西、北纬墨西哥湾暖流，东为加那利寒流，南为北赤道暖流，中间围成了一个面积达645万平方千米、平均深度为4500米以上的海区。

渔　类

马尾藻海中生活着许多独特的鱼类，如飞鱼、旗鱼、马林鱼、马尾藻鱼等。它们大多以海藻为宿主，善于伪装、变色，打扮得同海藻相似。最奇特的要算马尾藻鱼了。它的色泽同马尾藻一样，眼睛也能变色，遇到“敌人”，能吞下大量海水，把身躯鼓得大大的，使“敌人”不敢轻易碰它。

海航迷雾

1492年，哥伦布横渡大西洋经过这片海域时，船队发现前方视野中出现大片生机勃勃的绿色，他们惊喜地认为陆地近在咫尺了，可是当船队驶近时，才发现“绿色”原来是水中茂密生长的马尾藻。1492年8月3日早晨，哥伦布率领的一支船队，就在那里被马尾藻包围了。他们在马尾藻海上航行了整整三个星期，才摆脱危险。

马尾藻海被誉为“海洋的坟地”

自古以来，误入这片“绿色海洋”的船只几乎无一能“完璧归赵”，在帆船时代，不知有多少船只，因为误入这片奇特的海域而被马尾藻死死缠住，船上的人因淡水和食品用尽而无一生还，于是人们把这片海域称为“海洋的坟地。”

马尾藻海盐分偏高、海水温暖、浮游生物众多

在航海家们眼中，马尾藻海是海上荒漠和船只坟墓。在这片空旷而死寂的海域，几乎捕捞不到任何可以食用的鱼类，海龟和偶尔出现的鲸鱼似乎是唯一的生命，此外就是那些单细胞的水藻。在众口流传的故事中，马尾藻海被形容为一个巨大的陷阱，经过的船只会被带有魔力的海藻捕获，陷在海藻群中不得而出，最终只剩下水手的累累白骨和船只的残骸。而百慕大三角作为这一海域上最著名的神秘地带，则将这些传说的恐怖神奇推向了极致。

在海洋学家和气象学家的共同努力下，马尾藻海“诡异的宁静”和船只莫名被困的原因被找出来了。原来，这块面积达 300 万平方千米的椭圆形海域正处于 4 个大洋流的包围中心。在西面的湾流、北面的北大西洋暖流、东面的加纳利寒流和南面的北赤道暖流相互作用的结果下，马尾藻海以顺时针方向缓慢流动，这就是这里异乎寻常“平静”的原因。正是这种原因，才会使古老的依赖风和洋流助动的船只在这片海域踟蹰不前。由此，马尾藻海盐分偏高、海水温暖、浮游生物众多的问题，也都纷纷迎刃而解。虽然马尾藻海中的海藻被证实了并非是阻挡船只前进并吞噬海员的魔藻，但笼罩在它头上的神秘光晕却并未因此而消失。

无岸之海

世界上的海大多是大洋的边缘部分，都与大陆或其他陆地毗连。然而，北大西洋中部的马尾藻海却是一个“洋中之海”，它的西边与北美大陆隔着宽阔的海域。其他三面都是广阔的洋面。所以它是世界上唯一没有海岸的海，因此也没有明确的海岸划分界线。

马尾藻海的海面上布满了绿色的无根水草——马尾藻，仿佛一派草原风光。在海风和洋流的带动下，漂浮着的马尾藻犹如一条巨大的橄榄色地毯，一直向远处伸展。除此之外，这里还是一个终年无风区。在蒸汽机发明以前，船只只得凭风而行。那个时候，如果有船只贸然闯入这片海区，就会因缺乏航行动力而被活活困死。所以自古以来，马尾藻海被看做是一个可怕的"魔海"。

蔚为壮观的海上草原

在大西洋上航行了多日的哥伦布探险队，1492 年 9 月 16 日这天，忽然望见前面有一片大"草原"。要寻找的陆地就在眼前了，哥伦布欣喜地命令船队加速前航。然而，驶近"草原"后却大失所望，原来这是长满海藻的一片汪洋。奇怪的是，这里风平浪静，死水一潭，哥伦布凭着自己多年的航海经验，感到面前的危险处境，亲自上阵开辟航道，经过 3 个星期的拼搏，才逃出这可怕的"草原"。哥伦布把这片奇怪的大海叫做萨加索海，意思是海藻海。

大西洋是世界各大洋中最咸的大洋，此海又是大西洋中最咸的海区。这里海水的盐分很高，海水深蓝透明，像水晶一样清澈，而浮游生物远少于其他海区。

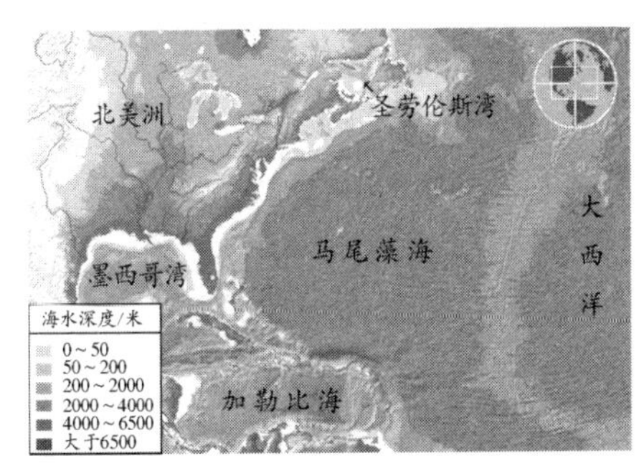

马尾藻海位置示意图

这里的海平面要比美国大西洋沿岸高出 1.2 米，可是，这里的水却流不出去。

最令人不解的是，这个"草原"还会"变魔术"：它时隐时现，有时郁郁葱葱的水草突然消失，有时又鬼使神差地布满海面。

表面恬静文雅的"草原"海域，实际上是一个可怕的陷阱，充满奇闻的百慕大"魔鬼三角区"几乎全部在这里，经常有飞机和海船在这里神秘地失踪。

海洋植物的特征

海洋植物是海洋中具有叶绿素，能进行光合作用生产有机物的自养型生物。它们是海洋中最重要的初级生产者。其门类很多，从低等的无真细胞核藻类，到具有真细胞的红藻门、褐藻门和绿藻门等共 1 万多种。

单细胞藻类：多无游动能力或游泳能力弱，悬浮于水中随水流动的单细胞海洋浮游藻类，其中硅藻最多，还有甲藻、绿藻、蓝藻、金藻等。由于要进行光合作用，所以仅分布在海洋中光照的上层（约 0～200 米），它们是海洋中初级生产力的主要组成者之一。

海藻和陆生植物一样，能在光照条件下进行光合作用

大型藻类：大型藻类多属于海生底栖藻，它们没有真正的根、茎、叶；细胞具有叶绿素，因此藻体全部都有吸收营养元素进行光合作用的功能；藻类的繁殖有三种，即营养繁殖、无性繁殖和有性繁殖，生殖结构很简单，基本构造是单细胞的孢子或结合后的合子，都以单细胞形态离开母体后直接发育成新个体；生活史也由于减数分裂的阶段不同分为不同类型。它们属于非维管束孢子植物，主要生长在潮间带和潮下带的岩石或石沼中，是重要的海洋生物资源，是海洋中有机物质的初级生产者。海藻可供人类直接食用，如紫菜、海带、石莼等，鹧鸪菜和海人草是有名的驱蛔药用海藻；另一个重要用途是从海藻中提取藻胶及其他化合物，广泛用于医药卫生和食品工业等行业中。

海藻和陆生植物一样，能在光照条件下进行光合作用，把无机物转化为有机物。所以海藻分布的范围多在沿岸浅海或光线能透过的海水上层。由于海藻需要的光强和波长不同，所以它的分布深度也不一样。绿藻主要吸收利用红光，多分布于 5～6 米水深的上层；褐藻吸收利用橙光和黄光，所以生活在水深 30～60 米以内；再往下是红藻和蓝藻。

海藻属于比较原始的植物，它和高等植物的不同点在于它没有真正的根、茎、叶的分化，更不会开花结果。它是通过和高等植物的根类似的固着器，附着于礁石上或其他物质上的。

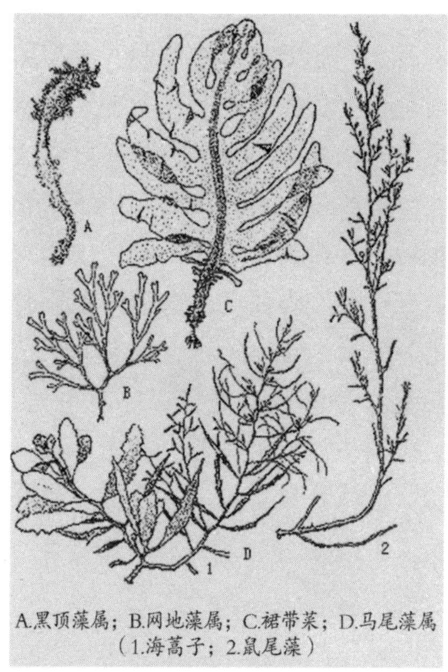

A.黑顶藻属；B.网地藻属；C.裙带菜；D.马尾藻属（1.海蒿子；2.鼠尾藻）

褐藻中常见的藻类

海藻的营养价值很高。有些海藻除可食用外，还是很好的工业原料和添加剂。从红藻提取出琼胶在食品工业方面得到了广泛应用，主要用来生产果酱、乳脂、水果汁等配料。在制作冷食中，只要加进 0.2% 的琼胶，就可使冷食变得美味可口。琼胶的性质，还可使奶粉加速溶解，可以阻止牛奶结块。用琼胶做的果冻、糖果是小朋友们喜爱的食品之一。琼胶也是化妆品中不可缺少的原料。在医药工业中，琼胶也被广泛用于制造药物，人们常见的乳剂、胶囊和软膏等，都含有不同分量的琼胶。

从褐藻中提取的褐藻胶，可以使鲜花的保鲜期延长，加到啤酒中可以使啤酒长期储存而不变质。据统计，褐藻胶有 800 多种用途。以褐藻胶为原料制成藻酸丙酯硫酸脂钠（简称 PSS)，对缺血性心、脑血管疾病及高血粘度综合征的防治，具有显著疗效，是具有特殊治疗作用的半合成海洋新药。

褐　藻

螺旋藻是地球上最早出现的光合生物，凡是食用螺旋藻的民族身体非常健壮。经研究发现，它的营养成分非常丰富、全面，蛋白质含量比任何含铁食品高出 20 倍以上，每 1 克螺旋藻的营养价值相当于 1000 克蔬菜的营养总和。螺旋藻有许多药用功能，如抗辐射、抗溃疡、抗肿瘤、免疫调节等作用。有人称螺旋藻将成为最流行的保健品。

螺旋藻

我国养殖海藻的历史悠久，而且越来越普遍，主要养殖品种有海带、紫菜、裙带菜等，我国目前已成为海藻的养殖大国。

海藻是海洋植物的主体，是人类的一大自然财富，目前可用作食品的海洋藻类有100多种。科学家根据海藻的生活习性，把海藻分为浮游藻和底栖藻两大类型。

底栖藻的颜色鲜艳美丽，有绿色、褐色和红色。科学家根据颜色，把海藻分为三大类：绿藻类、褐藻类和红藻类。

海藻是海洋植物的主体

绿藻的藻体呈草绿色。绿藻约有6000种，其中90%产于淡水，只有10%生活在潮间带或潮下带的岩石上。绿藻有单细胞的，有群体的；有丝状的，还有片状的。最常见的海洋单细胞绿藻是扁藻，它含有丰富的蛋白质，是海洋中小型动物的良好饵料。最常见的多细胞绿藻有石莼、礁膜（我国沿海渔民称之为海菠菜或海白菜），它们是人们喜爱的海洋经济蔬菜；还有浒苔，它可用来制作浒苔糕，味道十分鲜美。此外，还有羽藻、蕨菜、刺海松、伞藻等。

绿藻的藻体呈草绿色

褐藻的藻体呈褐色，多细胞，有丝状、片状或叶状，还有的呈囊状、管状、圆柱状或树枝状，一般都有圆盘状或分枝状的固着器或假根。假根上面有柄部及叶部，通称为假茎和假叶。褐藻中的大型种类，如海带可长到7～8米长；巨藻可长到300米长，素有“海底森林”之称。它们多数生长于低潮带或低潮线下的岩石上。

红藻的藻体呈紫色或紫红色，大多数为多细胞，有丝状、片状和分枝状。形态多样，有圆形、椭圆形、带形等。红藻多数喜居深海中，生长在低潮线附近和低潮线下30～60米处，少数种类可在200米的海底生长。红藻类约有2500多种，其中最为常见的种类有紫菜、石花菜、红毛藻、海索面、鸡毛藻、粘管藻、海萝、蜈蚣藻、海头红、多管藻、鹧鸪菜等。紫菜呈紫红色，片状，鲜食或制成干品，干紫菜是市场上畅销的高级副食品。

海洋植物与生态环境

由于海水中生活条件的特殊，海洋中生物种类的成分与陆地成分迥然不同。就植物而言，陆地植物以种子植物占绝对优势，而海洋植物中却以孢子植物占优势。海洋中的孢子植物主要是各种藻类。由于水生环境的均一性，海洋植物的生态类型比较单纯，群落结构也比较简单。多数海洋植物是浮游的或漂浮的。但有一些固着于水底，或是附生的。

海洋植物区系的地理分布也服从地带性规律。与陆地植物区系不同的是寒冷的海域区系成分较为丰富，热带海洋中种属反而比较贫乏，这一点与陆地植物区系恰好相反。

海洋生物群落也像湖泊群落一样分为若干带：

珊瑚礁周围长满藻类植物

1. 潮间带或沿岸带即与陆地相接的地区。虽然该带内的生物几乎都是海洋生物，但那里实际上是海陆之间的群落交错区，其特点是有周期性的潮汐。生活在潮间带的生物除要防止海浪冲击外，还要经受温度和水淹与暴露的急剧变化，因此发展出许多有趣的形态和生理适应。潮间带的底栖生物又因底质为沙质、岩石和淤泥分化为不同的类型。

2. 浅海带或亚沿岸带包括从几米深到200米左右的大陆架范围，世界主要经济渔场几乎都位于大陆架和大陆架附近，这里具有丰富多样的鱼类。

3. 浅海带以下沿大陆坡之上为半深海带，而海洋底部的大部分地区

为深海带深海带的环境条件稳定，无光，温度在0～4℃，海水的化学组成也比较稳定，底土是软的和粘泥的，压力很大（水深每增加10米，压力即增加101.325千帕）。食物条件苛刻，全靠上层的食物颗粒下沉，因为深海中没有进行光合作用的植物。由于无光，深海动物视觉器官多退化，或者具发光的器官，也有的眼极大，位于长柄末端，对微弱的光有感觉能力。适应高压的特征如薄而透孔的皮肤，没有坚固骨骼和有力肌肉。

4. 大洋带从沿岸带往开阔大洋，深至日光能透入的最深界限。大洋区面积很大，但水环境相当一致，唯有水温变化大，尤其是有暖流与寒流的分布。大洋带缺乏动物隐蔽所，但动物保护色都较明显。

马尾藻

河口湾是大陆水系进入海洋的特殊生态系统，由于许多河口湾是人类海陆交通要地，受人类活动干扰甚深，也易于出现赤潮，河口湾生态学成为一个重要研究领域。

海洋生态环境是海洋生物生存和发展的基本条件，生态环境的任何改变都有可能导致生态系统和生物资源的变化，海水的有机统一性及其流动交换等物理、化学、生物、地质的有机联系，使海洋的整体性和组成要素之间密切相关，任何海域某一要素的变化（包括自然的和人为的），都不可能仅仅局限在产生的具体地点上，都有可能对邻近海域或者其他要素产生直接或者间接的影响和作用。生物依赖于环境，环境影响生物的生存和繁衍。当外界环境变化量超过生物群落的忍受限度时，就会直接影响生态系统的良性循环，从而造成生态系统的破坏。

海洋生态平衡的打破，一般有两方面的原因：一是自然本身的变化，如自然灾害。二是来自人类的活动，一类是不合理的、超强度的开发利用海洋生物资源，例如近海区域的渔业滥捕，使海洋渔业资源严重衰退；另一类是海洋环境空间不适当地利用，致使海域污染的发生和生态环境的恶化，例如对沿海湿地的围垦必然改变海岸形态，降低海岸线的曲折度，危及红树林等生物资源，造成对海洋生态环境的破坏。海洋生物多样性的减少，是人类生存条件和生存环境恶化的一个信号，这一趋势目前还在加速发展的过程中，其影响固然直接危及当代人的利益，但更重要的是对后代人未来持续发展的积累性后果。因此，只有加强海洋生态环境的保护，才能真正实现海洋资源的可持续利用。

海洋植物

海洋植物与生态环境的持续性体现在海洋生态过程的可持续与海洋资源的可持续利用两个方面。海洋生态过程的可持续是建立在海洋生态系统的完整性基础之上的，即海洋生态系统的构造完整和功能的齐全。只有维持生态构造的完整性，才能保证海洋生态系统动态过程的正常进行，使海洋生态系统保持平衡。海洋生态过程的可持续是海洋资源可持续利用的基础。但人类对海洋资源的强大需求与有限供给之间的矛盾，海洋资源的多用途引发的不同行业之间的竞争以及人类利用海洋资源的观念、方式和方法，都直接关系到海洋资源的可持续利用。为此，一方面要正确解决资源质量、可利用量及其潜在影响之间的关系；另一方面在利用资源的同时更要注意保护资源种群多样性、资源遗传基因多样性；另外还要在不影响海洋生态系统完整性的前提下整合资源方式，减少资源利用中的冲突和矛盾，提高资源的产出率。

海洋植物与生态环境的协调性首先是海洋资源的利用应与海洋自然生态系统的健康发展保持协调。这表现为经济发展与环境之间的协调；长远利益与短期利益的协调；陆地系统与海洋系统以及各种利益之间的协调。只有处理好各种关系，才能维护海洋生态系统的健康，保证海洋资源的可持续利用。

海洋植物与生态环境的公平性是当代人之间与世代人之间对海洋环境资源选择机会的公平性。当代人之间的公平性要求任何一种海洋开发活动不应带来或造成环境资源破坏，即在同一区域内一些人的生产、流通、消费等活动在资源环境方面，对没有参与这些活动的人所产生的有害影响；在不同区域之间，则是一个区域的生产、消费以及与其他区域的交往等活动在环境资源方面，对其他区域的环

境资源产生削弱或危害。世代的公平性要求当代人对海洋资源的开发利用，不应让后代人对海洋资源和环境的利用造成不良影响。

海洋植物资源的开发与应用

海洋植物与生态环境

绚丽多彩的海底世界，不仅生活着数以万计的各种鱼类动物，还生长着各类茂盛的海洋植物。这些形形色色的植物，宛如海底花园一般。

由于海洋环境要比陆地上复杂得多，因此，一般的海洋生物要比陆地生物的繁殖力强，它们的求偶方式、繁殖、生殖方式都非常巧妙。即使是这样，在众多的海洋生物群落中，也只有少数强壮的在适应了其生存环境之后才存活下来。这是因为，在海洋里，由于光线、压力、盐度、海流、潮汐、波浪、营养盐以及地质等条件的不同，形成了千差万别的生存环境。

在各种环境中，不管是什么样的生物，只要它活下来，就说明它对周围环境产生了惊人的适应能力。当然，这种适应能力不是无限的，当环境由于外来因素发生突然变化时，超过其生理允许限度时，这些生物不逃亡便会死亡。

从另一个方面看，在众多的海洋生物群体之间，也有一个相互间适应的生存需要。这种互为依存的生存需要，是在食物链关系下生存的。这种关系经历了漫长的演变和进化过程，形成了相对稳定的结构，保护着生态平衡状态。

在不同的海洋环境中，有着完全不同类型的生态系。例如，在潮间带有各种生物组成的潮间带生态系统。这一个个生态系统在它们适应了自身的生活环境之后组织起来，这就是整个海洋的生态系统。

海洋生态学是研究海洋生物与海洋环境间相互关系的科学，它是生态学的一个分支，也是海洋生物学的主要组成部分。

通过研究海洋生物在海洋环境中的繁殖、生长、分布和数量变化，以及生物与环境相互作用，阐明生物海洋学的规律，为海洋生物资源的开发、利用、管理和养殖，保护海洋环境和生态平衡等，提供科学依据。

海水的性质决定了海洋植物的生长和特点，而它在海洋中的每个角落是不一样的。其水平变化要比垂直变化速度快得多。

这一特点决定了浮游生物和底栖

生物的生活环境。海水很快吸附了太阳辐射的光和热，由于海水中含有各种悬浮物质和浮游植物，阳光在开阔的海洋中辐射入海水的深度大于数百米，而在混浊的沿岸水域中，辐射深度只有数十米。在光层下面一直到数千米的海底则是漆黑的一片。海水温度也是随着深度的增加而逐渐变低的。

在海洋环境中，存在着各种各样的海洋植物群落。除了浮游植物群落以外，还有珊瑚礁群落、海草群落、红树林群落、盐沼植物群落和石生植物群落。这些群落以潮间带和潮下带藻类分布区的生产力较高，甚至可高于陆生热带雨林群落和陆地沼泽。

藻类植物与人类生活

人类利用藻类作为食品，不但有悠久的历史，而且食用的种类和方法之多，也是数不胜数。据初步统计，仅在我国所产的大型食用藻类至少有50～60种，经常作为商品出售的食用藻类主要是海产藻类，如礁膜、石莼、海带、裙带菜、紫菜、石花菜等。商品食用淡水藻类有地木耳和发菜。我国云南景洪地区傣族同胞食用和出口缅甸等国的“岛”和“解”就是用淡水藻类中的水绵和刚毛藻加工制成的。由于单细胞藻类中含有丰富的营养物质，又有繁殖快、产量高的特点，大面积培养单细胞藻类作为人类食用或家畜的精饲料，也早已引起人们的重视，而且有的（如小球藻、栅藻）已在国内外推广利用。

海　带

藻类对于医学和农业也有很密切的关系。有的直接作为药用，例如褐藻中的海带、裙带菜、羊栖菜等，都有防治甲状腺肿大的功效。红藻中的鹧鸪菜和海人草可作为驱除蛔虫的特效药。从褐藻中提取的藻胶酸、甘露醇和红藻中提取的琼胶也在医学中广泛应用，例如藻胶酸盐可作为制造牙模和止血药物的原料；甘露醇有消除脑水肿和利尿的效能，琼胶除作为轻泻药治疗便秘症外，还可用来作为制造药膏的药基、包药粉的药衣和细菌培养基的凝固剂。土壤藻类不但可以积累有机物质，刺激土壤微生物的活动，增加土壤中的含氧量，防止无机盐的流失，减少土壤的侵蚀，其中有

裙带菜

些蓝藻还能固定空气中游离的氮素，在提高土壤肥力中起重要作用。此外，藻类是鱼类食物链的基础，鱼类的天然饵料一般都直接或间接地来自浮游藻类，所以在淡水鱼类养殖中，多通过施肥，繁殖藻类，为鱼类提供饵料。但是，当浮游藻类大量繁殖发生水花的时候，由于水中缺氧或产生有毒物质，也往往引起鱼类的大量死亡。

以藻类为原料所制成的产品，特别是藻胶酸盐，已广泛应用于工业生产中。例如琼胶在食品工业中可作为凝固剂和糖一起制成软糖，和淀粉一起制成包糖用的糯米纸，制面包时加入琼胶可以使面包保持长期的松软，加入果子露中，可制成冷冻果汁；制鱼、肉罐头时加入琼胶，可以保持鱼、肉的原形，使鱼、肉不致在运输中散开；在日本和欧美各国，还用琼胶作为酿造酒、醋、酱油的澄清剂。在建筑业中，藻胶酸除用以粉刷墙壁、水泥加固、涂敷木材、金属品和工作母机外，还可以制成格子板和油毡的代用品。在纺织工业中，可用藻类植物约有3万种，主要分布于淡水或海水中。植物体型多样，有单细胞、群体（由许多单细胞聚集而成，细胞没有紧密的生理联系）、多细胞的丝状体及叶状体。高等的藻类已有简单的组织分化。植物体（简称藻体）大小差别很大，小的只有几微米，必须在显微镜下才能看到；较大的肉眼可见，最大的体长可达100米以上。

石花菜

藻类植物一般都具有进行光合作用的色素，能利用光能把无机物合成有机物供自身需要，是能独立生活的一类自养原植体植物。藻体结构也比较复杂，分化为多种组织，如生长于太平洋中的巨藻。尽管藻体有大的、小的、简单的、复杂的区别，但是，它们基本上是没有根、茎、叶分化的原植体植物。生殖器官多数是单细胞，虽然有些高等藻类的生殖器官是多细胞的，但生殖器官中的每个细胞都直接参加生殖作用；形成孢子或配子，其外围也无不孕细胞层包围。藻类植物的合子不发育成多细胞的胚。有少数低等藻类是异养的或暂时是异养的，这可根据它们的细胞构造和贮藏的营养物质，与异养原植体植物——真菌分开。

石　莼

藻类在自然界中几乎到处都有分布，在潮湿的岩石上、墙壁和树干上、土壤、养面和下层，也都有它们的分布。但主要是生长在水中（淡水或海水）。在水中生活的藻类，有的浮游于水中，也有的固着于岩石上或附着于其他植物体上。藻类植物对环境条件要求不高，适应环境能力强，可以在营养贫乏、光照强度微弱的环境中生长。在地震、火山爆发、洪水泛滥后形成的新鲜无机质上，它们是最先的居住者，是新生活区的先锋植物之一，有些海藻可以在 100 米深的海底生活，有些藻类能在零下数十摄氏度的南北极或终年积雪的高山上生活，有些蓝藻能在高达 85℃ 的温泉中生活，有的藻类能与真菌共生，形成共生复合体（如地衣）。

藻类还可用以修饰布料、浆丝等，如我国广东产的香云纱就是用海萝胶作浆料制成的。硅藻在工业中的用途也很广，例如加入硝酸甘油后，可以防止爆炸，可作为制造耐火砖、滤器、牙粉的原料。

随着对藻类认识的日益深入，利用的范围也在不断扩大，从现在初步的研究成果来看，藻类在解决人类目前普遍存在的粮食缺乏、能源危机和环境污染等问题中，将发挥重要作用。

开发与应用

海底生长着多种野生植物，其中产量较高的有海藻、海带草、海青菜、海更菜、紫菜、海谷菜等。而海藻是海洋中分布最广的生物，从微小的单细胞生物到长达数十米的巨藻，种类繁多。世界海洋中的海藻类植物约10000多种。有绿藻门、褐藻门、蓝藻门、红藻门等11门，在这些藻体内含有丰富的海藻多糖、蛋白质、脂肪、维生素、矿物质以及具有特殊功能的生理活性物质，是提供食品、饲料和药物的原料库。按藻类形态可分为大型海藻和微藻两类。目前，人们主要对大型海藻加以综合利用，如褐藻中的海带、裙带菜、巨藻、绿藻中的苔条、石莼；红藻中的紫菜、石花菜、伊菇草等，这仅是海藻资源的很少一部分，而蕴藏量巨大的微藻，

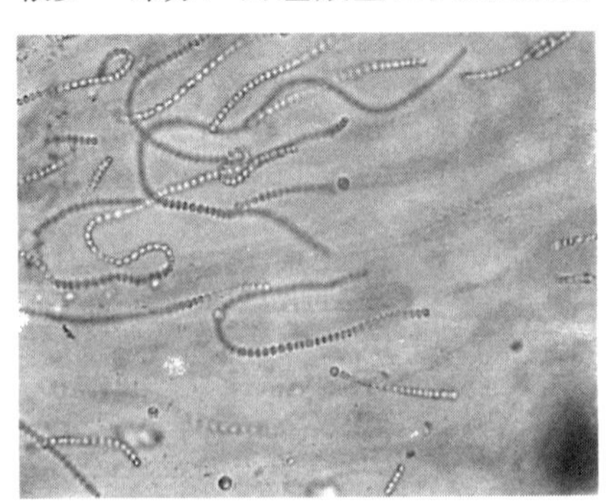

显微镜下的蓝藻

是多种生理活性物质取之不尽的原料库。用海洋植物作畜禽动物饲料的研究和应用始于20世纪50年代，我国至今尚未形成相应的海洋植物饲料加工业。

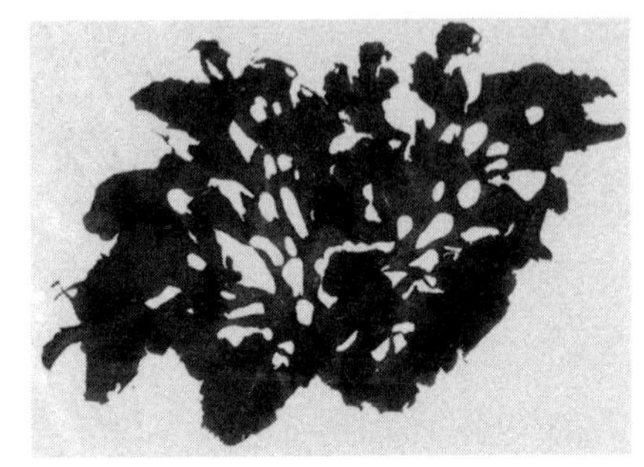

石　莼

海洋植物营养丰富，含有多种生物活性物质，具有增强机体免疫力、抗病、抗病毒、促进生长等生物活性。栽培海洋植物可以改善生态环境，保护水生生物资源。因此，开发海洋植物饲料，促进畜牧业发展正日趋受到重视。

海洋植物的营养特点

1. 粗蛋白含量较高。同时含有丰富的多种维生素和矿物质，有利于畜禽的繁育和生长发育。

2. 含有抗菌抑菌的活性物质。这些活性物质对霉菌、金色葡萄球菌、大肠杆菌、沙门氏菌等都有抑制作用，同时又能提高畜禽的免疫力和抗病力。

3. 含有生物活性激素和促生长因子，能调节饲料中各种养分的平衡，促进营养物质的消化吸收，产生抗应激作用，可提高畜禽的生长速度和抗病能力。

4. 含有丰富的色素。海洋植物中含有藻黄素、胡萝卜素等物质；用于畜禽饲料中，可明显改进畜禽产品的品质，使畜禽的皮肤、肌肉颜色鲜艳。

5. 含碘量高、钙磷比例适中。用它来配制畜禽饲料，可使肉蛋奶的产品营养丰富，味道鲜美；蛋壳的厚度增加，蛋黄的颜色变成深黄色；特别是蛋黄中碘的含量较原来高出十几倍；脂肪结构也发生了变化，使胆固醇的含量降低。

裙带菜

6. 含有苯酚类化合物和琼胶、褐藻酸等物质。因含苯酚类化合物，有较强的抑菌防霉作用，是天然的饲料防霉剂，因含琼胶、褐藻酸和吸水性物质，是天然的饲料黏合剂和防潮剂，可吸收饲料中的水分。

7. 降血脂抗凝血作用。褐藻淀粉经碘化而得的硫酸脂，可以代替肝素具有降血脂抗凝血，改善微循环系统的作用。

海洋植物的营养成分

海洋植物含有多种氨基酸、维生素、矿物质，还含有大量的非含氮有机化合物以及未知生长素。

海藻粉

以海藻粉为例，海藻粉化学成分(%)：粗蛋白 8.95、粗纤维 6、粗脂肪 0.3、甘露醇 11.3、褐藻胶 24.7、褐藻淀粉 1.7、褐藻糖胶 0.3、碘 4500 毫克/千克、钙 0.07 毫克/千克、磷 0.16 毫克/千克、铁 1900 毫

克/千克、锰 37 毫克/千克、锌 139 毫克/千克、铜 20 毫克/千克、胡萝卜素 10 毫克/千克、V_c32 毫克/千克、硫胺素 0.1 毫克/千克、核黄素 2.1 毫克/千克、生育酚 7.21 毫克/千克。

海洋植物的采集

1. 风浪后采集。每次风浪，尤其是大风大浪之后，大批海洋植物会被冲上海滩，乘此机会将其收集起来，及时晒干、粉碎、装袋备用。

2. 退潮后采集。大海潮汐不止，每 24 小时退潮 2 次，每次退潮后，浅海礁石全部露出水面，海植物处处可见，乘此机会可大量采集，然后晒干、粉碎备用。

3. 乘船捕捞。离海滩越远、越深，海底贮藏的野生植物越多，营养价值也越高。

4. 采集海洋植物的适宜季节应在夏初至秋季。此时海洋植物生长茂盛，营养成分含量较高。

海洋植物

硅　　藻

硅藻的分类与分布

晶莹的硅藻

一滴海水晶莹透亮，肉眼看上去，里面什么也没有，但把它放到显微镜下，可就不一样了。看哪，有像闪光的“表带”，有像细长的“大头针”、扁平的“圆盘”，甚至像精致的“铁锚”……令人眼花缭乱。这些就是浮游生物，其中60%以上是硅藻。

藻类植物中的一个类群，有人定为硅藻门，有人定为硅藻纲。硅藻是单细胞种类，少数为群体。细胞壁高度硅质化，成为坚硬的壳体，壳体由上、下两个半壳套合而成。光合作用色素主要有叶绿素a、叶绿素c和胡萝卜素、岩藻黄素、硅藻甲黄素等，因此，它的色素体呈黄绿色或黄褐色。

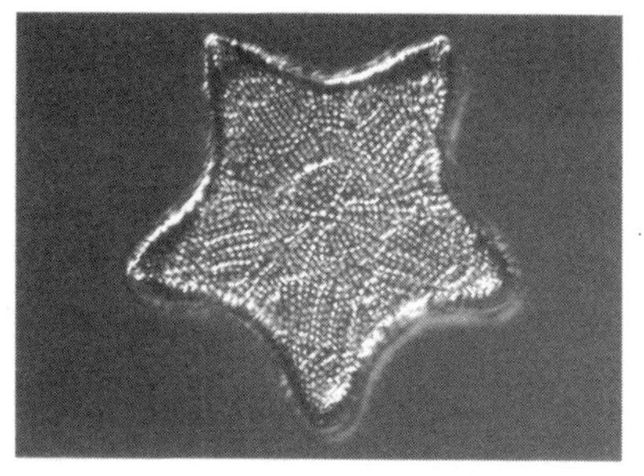

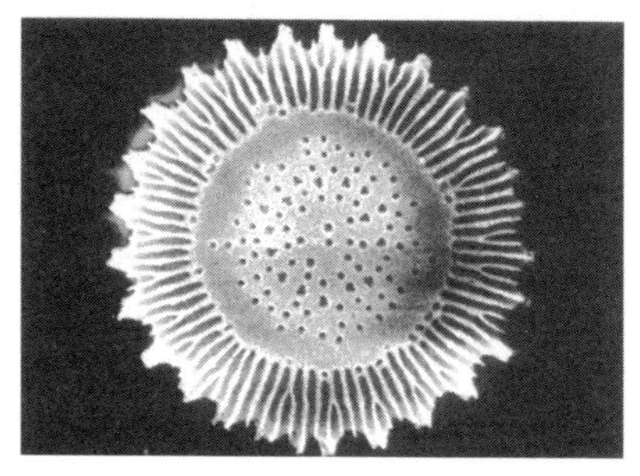

硅　藻

硅藻的多数种类为水生，以浮游生活为主，也有些种类附生在水中各种基质或其他水生植物体上。少数硅藻生于土壤中，羽纹硅藻在每立方厘米土壤中可达1亿个。

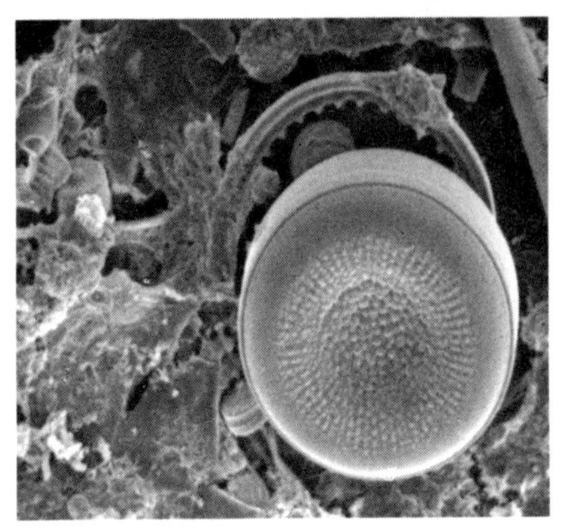

硅藻的多数种类为水生

硅藻细胞壁外的胶状膜能吸附放射性物质，致使一些敏感种迅速死亡，因此，硅藻又可作为放射性物质的指示植物。有些种类，如普通等片藻耐油性很强，又可作为油污染的指示种。

硅藻的分布受地区、季节、水温、盐度等各种因素的影响，因此，各地区常见的指示种不完全一致。有一些种类是广布性的，适应性很强，各种污染带均会出现，在利用硅藻指示水体污染时，应注意识别。

硅藻是一类种类繁多的低等植物，约 11000 多种。在海洋中硅藻的种类最多，淡水和潮湿的土壤也不少。据估测每立方厘米土壤中有羽纹藻约 1 亿个。硅藻种间个体差异大，小者 3.5 微米，大者 300～600 微米。硅藻的身体虽然只有一个细胞，可这一个细胞却非常有趣。它既不像动物细胞一样没有细胞壁，也与植物细胞的细胞壁大不相同。硅藻的细胞壁由大量的硅质组成，分为上下两部分组成，上面的盖叫上壳，下面的底叫下壳，上壳套住下壳，并且上下壳面上纹饰图案非常精美。如同透明的水晶箱，或者好比一间精致的玻璃小屋。从 16 世纪显微镜下发现的这些颇具魅力的小生物后，科学家们耗费了许多的笔工来描绘这些绚丽的“玻璃壳”。

硅藻靠太阳光和吸收水中的无机物生存。每当春季来临，明亮而温暖的阳光使这些微小的植物苏醒过来。优越的自然条件，给浮游植物的生长带来良好的时机，于是，它们迅速繁殖。没有过多久，就铺满了广阔的水面……没有阳光，硅藻不能生存，所

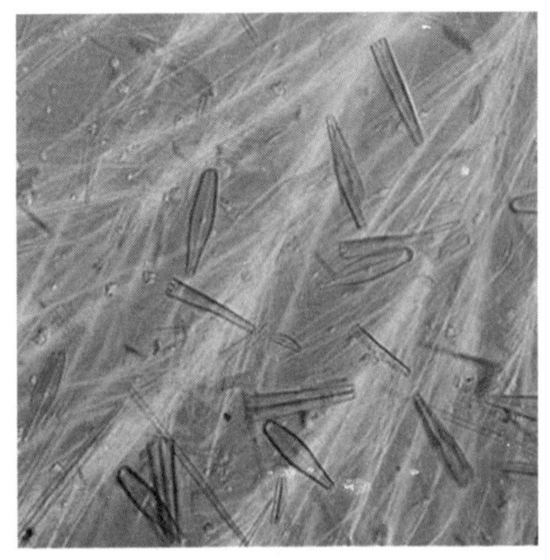

硅藻是一种浮游植物

以它们大多生活在阳光充足的水体表层。那么硅藻自身又不能运动，它们有使自己待在表层而不沉到水底去的本领吗？有！它们当中有些体态轻盈，身体里 90% 以上充满了水分；另一些则长了许多突起物和刚毛，长成球形，或者长得像降落伞，尽量扩充身体的表面积，以便增加浮力或摩擦力，使它们毫不费力就可长期漂浮在水中。

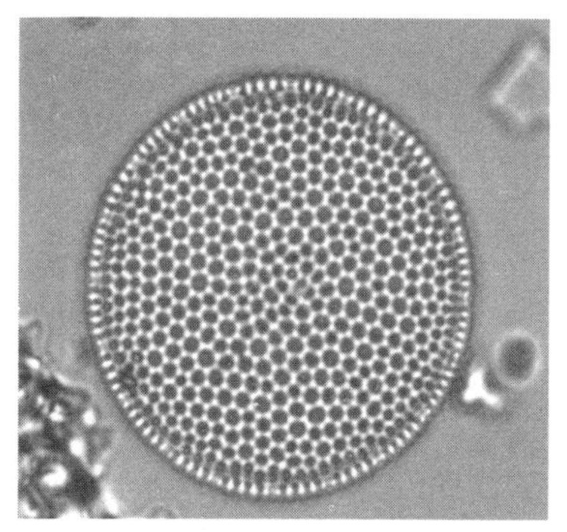

硅藻大多生活在阳光充足的水体表层

硅藻为什么要住在海洋的玻璃屋里呢？据科学家们研究发现，这些漂亮可爱的外壳实际上与它们的功能是紧密相连的。五六千万年前地球大气层内的二氧化碳越来越低，硅藻便把自己装在玻璃容器里，因为这样能帮助在容器的空间内浓缩到足够的反应物质。另外，玻璃壳上那些微孔与细微的纹路让硅藻产生了一些比平滑表面更多的表面积，这些表面积让硅藻的光合作用更有效率。因为演化出这个玻璃壳硅藻才能成为地球上数量最成功的生物体。

硅藻的种类

由于硅藻对水质的适应能力各不相同，在 20 世纪初即已被用作水污染指示生物。直链藻属和桥穹藻属的一些种是多污带的指示种；冠盘藻、狭窄菱形藻、尖菱形藻等是甲型中污带的指示种；孟氏小环藻、钝脆杆藻、尖针杆藻、肘状针杆藻等是乙型中污带的指示种；羽纹脆杆藻、连结脆杆藻凸腹变种、长等片藻、冬季等片藻、窗格平板藻等是寡污带的指示种。

直链藻

直链藻属硅藻门、中心纲、圆筛藻目、圆筛藻科的一属。

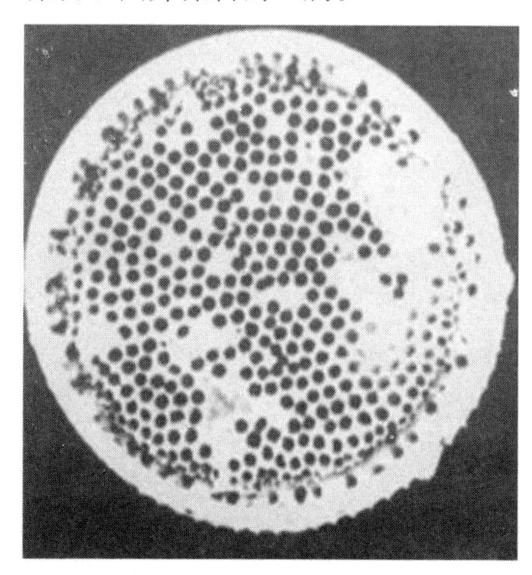

直链藻

种属分布：该属共有190种，中国有16种以上，如朱吉直链藻。

形态特征：细胞圆球形、圆柱形或圆桶形。壳面圆形，偶有呈椭圆形的。常相连成长直链，故称直链藻。壳周无射出刺，但有的有刺刺入邻胞，与链轴平行，是分种特征之一。壳面有射出状排列的孔纹或点纹。壳外套常发达。壳环或有环纹。细胞内有很多小片状的或几个树叶状的色素体。

生活习性：以附着生活为主，也有少数浮游的。海水、淡水和半咸水中都有，也有化石种类。

繁殖：产生休止孢子进行无性生殖、有性生殖产生复大孢子。

小环藻

小环藻属是硅藻门、中心纲、圆筛藻目、圆筛藻科的一属。

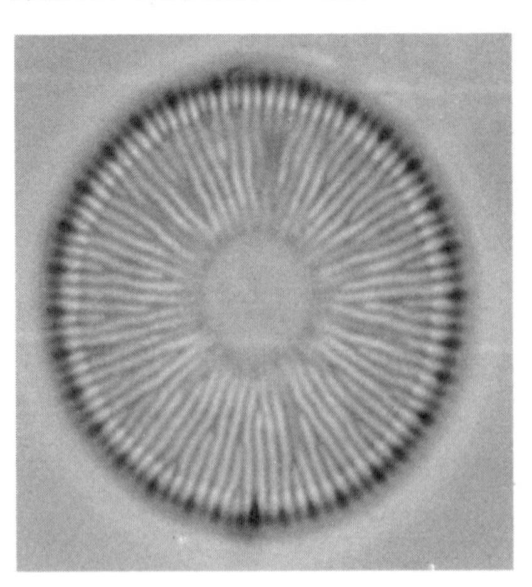

小环藻

形态特征：细胞圆盘形，很少呈椭圆形。壳面构造分成两圈：外圈有向中心的带条纹或条状纹，有时有小刺；内圈即中央部分，平滑无纹，或有向心排列的点纹，或有排列不规则的花纹。壳面平或有起伏，特别在中央部分。色素体多，小盘形。有复大孢子。细胞单独生活，或2～3个相连在一起，或包埋于自身分泌的胶质管内。

种属分布：该属共110种，中国有11种以上，如扭曲小环藻。多生活于淡水，海水中也有。

根管藻

根管藻是硅藻门根管藻科的一属。细胞直，扁圆柱形，或稍弯。细胞常以其壳面的一个突起，或一个小刺，进入相连的细胞内相连成链状。也有单独生活的。常见的面为壳环面，壳环面上的次级相连带（或称间板）呈鳞状或环状，是分种根据之一。色素体多，小盘状。该属55种，中国有18种以上。大多浮游，海产，淡水产的很少。如距端根管藻。本属藻类是鱼类等的食料。依化石记录约出现在2000万年前。

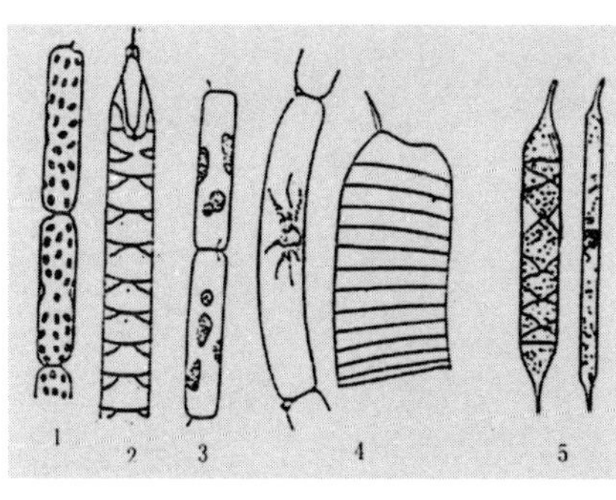

根管藻种类示意图

羽纹藻

羽纹藻是硅藻门、羽纹纲、舟形藻目、舟形藻科的1属。

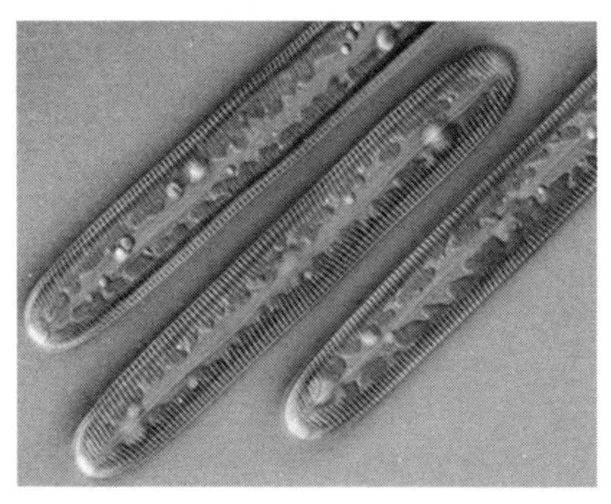

羽纹藻

形态特征：壳面长椭圆形至舟形，两侧平行，但也有中部膨大，或呈对称的波浪状。两端圆，壳缝在中线上，直或扭曲，到末端呈分叉状。壳面花纹由肋纹组成。肋的中部内侧有一椭圆形小孔，与细胞内部相通。肋纹在中部平行或射出状，在壳端为会聚状。有中节和端节。羽纹藻属与舟形藻属相近，除细胞体型外，主要区别在于羽纹藻花纹由肋条组成，而舟形藻为点条纹。

种属分布：本属共有250种，中国有35种以上，如微绿羽纹藻。细胞常单独自由生活，淡水、半咸水、海水都有。如以种类来讲，淡水多于海水，也有少数浮游于水中。有化石种类。

双菱藻

双菱藻是硅藻门、羽纹纲、双菱藻目、双菱藻科的1属。

种属分布：该属共有300种，中国有27种以上。海水、半咸水、淡水中都有，单独生活。也有化石种类。

形态特征：壳面楔形、卵形、椭圆形或长方形。一般扁平，也有扭转的。中线上有无纹区，也称拟壳缝。花纹为横肋纹，肋纹间还有横线纹，左右对称。壳环面一般扁平，可见管壳缝在翼状船骨突上。每细胞只有一个色素体，有性复大孢子由两个配子接合而成。

舟形藻

舟形藻是金藻门、羽纹纲、舟形藻目、舟形藻科的一属。

形态特征：细胞舟形至椭圆形，中部宽两端尖，有些略有变化。壳面中线上有壳缝，能自由行动。除纵轴左右对称外，横轴和壳环轴（一个壳

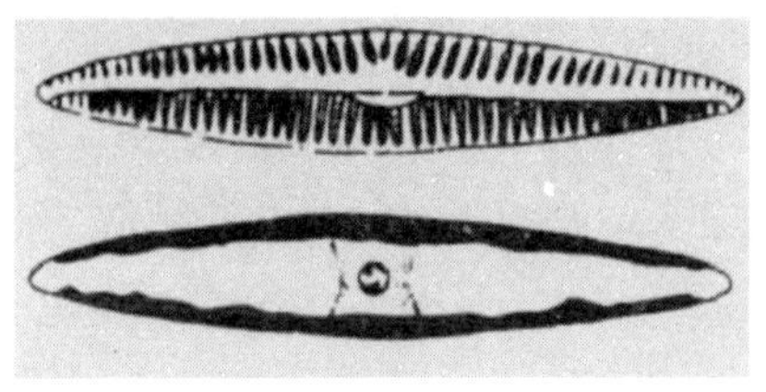

直舟形藻

面的中央至另一壳面的中央）也是左右对称。纵轴最长，横轴短，壳环轴一般短于横轴，壳面花纹左右对称，一般都呈点纹。壳的中央有中央节，两端各有端节一个，均向壁内凸出，起加强硅质胞壁的作用。没有船骨突。色素体每细胞2～4个。有复大孢子。色素体每细胞2～4个，板状或块状。该属和羽纹藻属的主要区别是该属的花纹为横线纹或点纹，无肋纹。

种属分布：该属是硅藻门种类最多的一个属，有1850种，中国有100多种，如直舟形藻种。细胞单独生活，也有少数群居于自己分泌的胶质管内。各种水域中均有。本属最早发现于新生代第三纪古新世，其古老种类中尚有两个种，一直生活到现在。

硅藻的主要特征

硅藻是淡水和海水中浮游生物的主要构成者之一。它们多单细胞，或彼此相连成各式群体。

细胞壁：由2个套合的硅质半片组成，外面稍大，为上壳，里面稍小的称下壳。上、下壳的正面称壳面，侧面称带面或环带面。上、下壳相套合的部分称连接带。有些种类的壳面具有壳缝，可以在水中运动。有些具壳缝的种类在细胞壳面两端各有一极节，中央有一中央节，为细胞壁增厚的部分。

细胞核：每细胞1核。

鞭毛：营养细胞无鞭毛；某些种类的精子具1～2条9+0型的鞭毛。

光合色素：含叶绿素a和叶绿素c，以及较多的褐色素，色素体黄褐色。

硅藻的植物体单细胞或连接成丝状体、群体。细胞壁是由2个套合的半片组成，称半片为瓣。硅藻的半片称上壳（在外）、下壳（在内），上下壳均有一凸起的面称壳面。侧面或壳边是两个瓣套合的地方，环绕1周称环带。上壳和下壳都是由果胶质和硅质组成的，没有纤维素。载色体有一至多数，为小盘状、片状。色素主要有叶绿素a、叶绿素c，β—胡萝卜素、α—胡萝卜素和叶黄素。叶黄素类中主要含有墨角藻黄素，其次是硅藻黄素和硅甲黄素。藻体呈橙黄色、黄褐色。同化产物为金藻昆布糖和油。有1个细胞核。营养体无鞭毛。精子具鞭毛，为茸鞭型。

硅藻的繁殖方式

硅藻常用一分为二的繁殖方法产生。分裂之后，在原来的壳里，各产生一个新的。盒面和盒底分别名为上、下壳面。壳面弯伸部分名壳套。上下壳套向中间伸展部分，称相连带。上下相连带总称为壳环，这个面称壳环面。有些种类，如根管藻，在壳环面细胞壁上还有很多次级相连带，或称间板。细胞质和一般植物细胞相似。生殖方法有形成复大孢子、小孢子和休止孢子等。

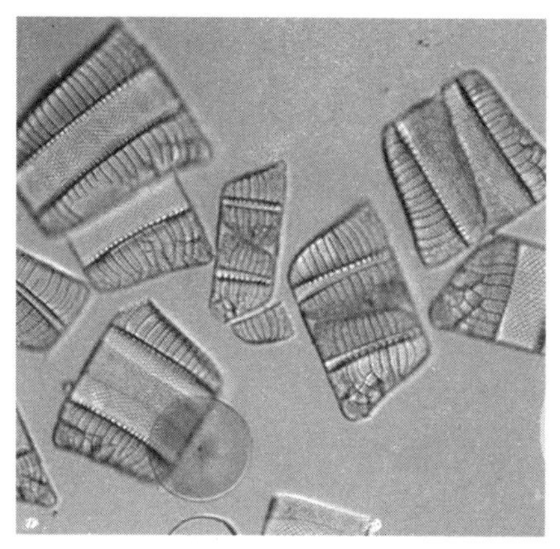

根管藻

营养生殖

营养生殖为硅藻最普通的一种生殖方式。分裂初期，细胞的原生质略增大，然后核分裂，色素体等原生质体也一分为二，母细胞的上、下壳分开，新形成的两个细胞各自再形成新的下壳，这样形成的两个新细胞中，一个与母细胞大小相等，一个则比母细胞小。这样连续分裂的结果，个体将越来越小。这在自然界和室内培养的硅藻中可以见到。

复大孢子

硅藻细胞经多次分裂后，个体逐渐缩小到一个限度时，这种小细胞就不再分裂，而产生一种孢子，以恢复原来的大小，这种孢子称为复大孢子。复大孢子的形成方式有无性和有性两种。

(1) 无性方式是由营养细胞直接膨大而成，如中心纲的变异直链藻。

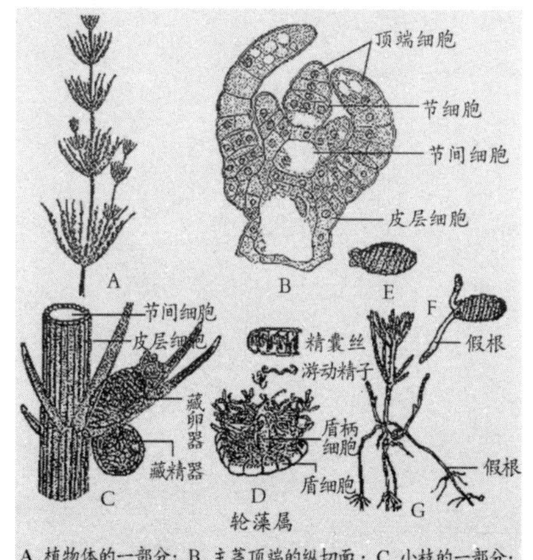

A.植物体的一部分；B.主茎顶端的纵切面；C.小枝的一部分；D.藏精器的解剖；E.F.合子的萌发；G.幼植物体

复大孢子

（2）有性方式是通过接合作用，借助运动或分泌胶质使个体接近，然后包围于共同胶质膜内，进行接合。

小孢子

多见于中心硅藻的一种生殖方式，细胞核和原生质多次分裂，形成8、16、32、64、128个不等的小孢子，每个小孢子具1～4条鞭毛，长成后成群逸出，相互结合为合子，每个合子再萌发成新个体。

休眠孢子

休眠孢子是沿海种类在多变的环境中的一种适应方式。休眠孢子的产生常在细胞分裂后，原生质收缩到中央，然后产生厚壁，并在上、下壳分泌很多突起和各种棘刺。当环境有利时，休眠孢子以萌芽方式恢复原有形态和大小。

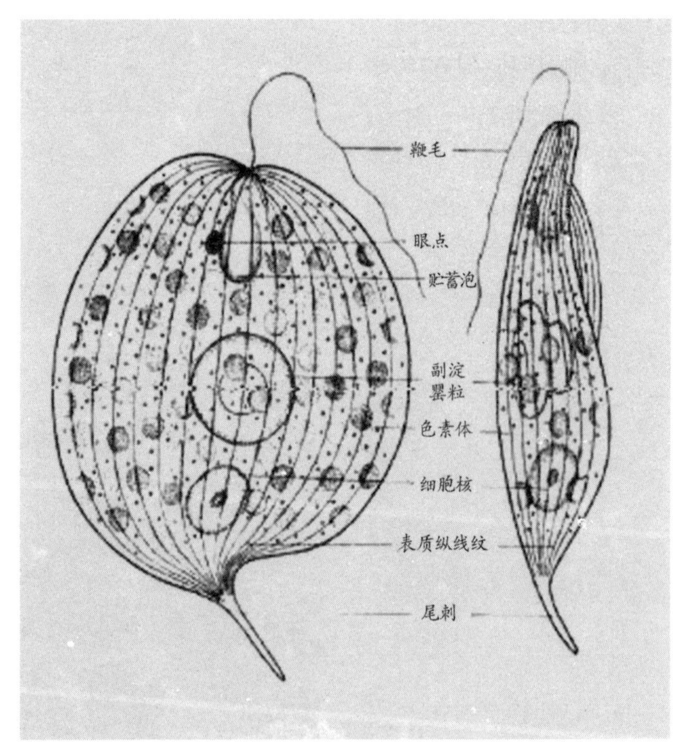

宽扁根藻结构示意图

硅藻的代表植物

小环藻属

硅藻的植物体单细胞，有些种以壳面互相连接成带状群体。细胞圆盘形或鼓形。带面平滑。有多个载色体，呈小盘状。以细胞分裂进行繁殖，每个细胞产生1个复大孢子。

小环藻属

小环藻属属中心硅藻纲圆筛藻目。植物体单细胞，有些种以壳面互相连接成带状群体。细胞圆盘形或膨形。壳面为圆形，少数种为椭圆形，边缘部有辐射状排列的线纹和孔纹，中央平滑或具颗粒。

小环藻属是海产或淡水产的浮游藻类，也有土生的情况，早春时节大量出现。

羽纹硅藻属

硅藻的植物体单细胞或接成丝状群体，壳面为线状、椭圆形至披针形，两侧平行，极少数种两侧中部膨大或成对称的波状。壳面具两侧对称横向平行的肋纹。色素体两块，片状，位于细胞带面两侧，常各具1蛋白核。

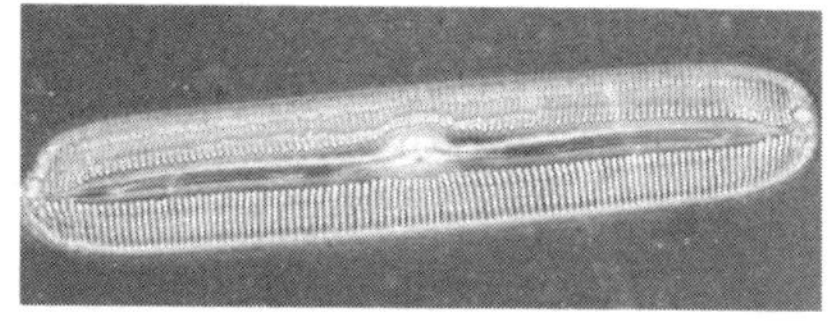

羽纹硅藻属

羽纹硅藻属在淡水和海水中均有分布。

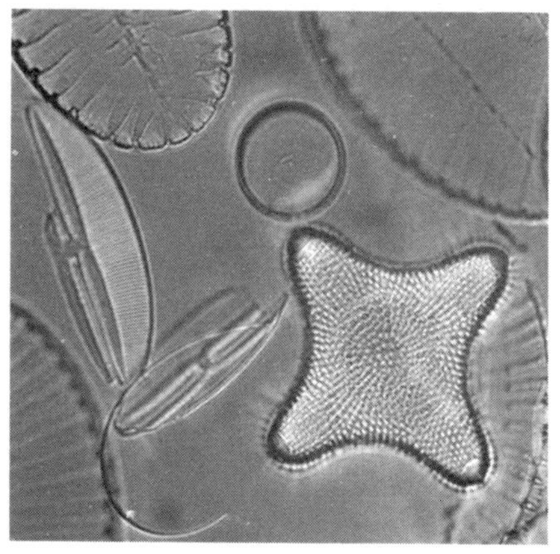

硅藻生活在淡水或海水中，
并有各种形状和大小

硅藻的生态意义与经济价值

硅藻的生态意义

浮游生物的个体虽然小得微不足道，却是水中原始食物的生产者，如果没有它们，水里的大生命恐怕也就无法生存了。

硅　藻

尤其是硅藻，它营养丰富，容易消化，不仅浮游动物、小鱼小虾和贝类喜欢吃，许多大家伙，像鲸等又都以小鱼小虾等为食料。因此硅藻等浮游生物的多寡，明显决定了鱼类产量的高低，这是勿庸置疑的了。每年春天，对虾和许多鱼类都喜欢来我国渤海、黄河口一带产卵，因为这里风平浪静，水温适宜，硅藻非常丰富。有人估计，海豹长膘 450 克，需要消耗约 0.5 吨硅藻。另外，据报道，浮游生物每年制造的氧气就有 360 亿吨，占地球大气氧含量的 70%以上。由于硅藻数量又占浮游生物数量的 60%以上，这样可以推算，假设现在地球上没有硅藻了，不用 3 年，地球上的氧气就耗干了，动物和我们人类也就都没法呼吸了。

硅藻死后，它们坚固多孔的外壳——细胞壁也不会分解，而会沉于水底，经过亿万年的积累和地质变迁成为硅藻土。硅藻土可被开采，在工业上用途很广，可制造工业用的过滤剂、隔热及隔音材料，等等。我国山东山旺地区就出产大量的硅藻土。游泳池的主人将老化的硅藻壳拿来过滤水里的污染物质。诺贝尔奖的创始人 Alfred Nobel 发现将不稳定的硝酸甘油放入硅藻所产生的硅土后可以稳定地成为可携带的炸药。

硅藻的危害

海洋环境如果受到富营养污染或其他原因，常使某些硅藻如骨条藻、菱形藻、盒形藻、角毛藻、根管藻、海链藻等生殖过盛，形成赤潮，使水质恶劣，对渔业及其他水产动物带来严重危害。

赤　潮

有些硅藻（如根管藻）的生殖太盛并密集在一起，会阻碍或改变鲱鱼的洄游路线，降低渔获量。

硅藻——水中艺术品

硅藻是水中有机物质初级生产者之一，它们的构造奇特，巧夺天工，呈现许许多多的不可思议的花纹和图案，但它们的身体却非常微小，一般小的仅有千分之几毫米，大的也不超过 1～2 毫米。在清澈透亮的水滴中，隐藏着它们的身影，必须借助光学或电子显微镜才能窥探其真容。别以为

单细胞硅藻

它们个体小，其实一个小细胞就是一个完整的生命体。当外界条件适宜，

硅藻大量繁殖时，能使数万平方千米的海水改变颜色。水生动物的幼体以及鲻鱼、牡蛎、蛏、蛤……和肉眼不易看到的恒河沙数的浮游动物都直接地依靠吞食硅藻等这类小微型生物为生。俗话说“大鱼吃小鱼，小鱼吃虾米”，那么“虾米”吃什么？就是吃这样的一些小微型生物了。

甲　藻

甲藻的分类与分布

认识甲藻

甲藻是藻类植物的 1 门。除少数裸型种类外，都有厚的主要是纤维素组成的细胞壁，被称为壳。

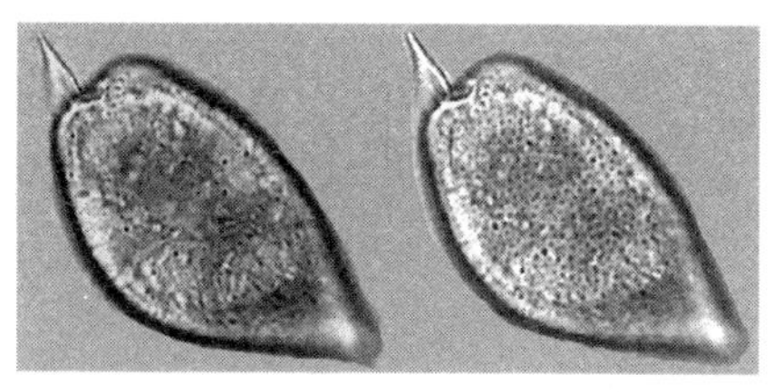

海洋原甲藻

甲藻的光合色素为叶绿素 a 和叶绿素 c、β—胡萝卜素，叶黄素类为硅甲藻素、甲藻黄素、新叶黄素及甲藻所特有的多甲藻素。全世界约有 130 属，1000 多种。多数为海产种类，少数产于淡水及半咸水水体中。中国常见的淡水种类有 4 属 15 种，罕为共生或寄生性；温暖水域中的比寒冷水体中的多；海产种类的形态变化较大。

甲藻的属科分类

依照帕克和狄克逊（1976）、道奇（1982，1986）和洛布利奇（1976）的研究，甲藻门分为 2 纲：甲藻纲和寄生的共甲藻纲；13 目：原甲藻目，鳍藻目，裸甲藻目，夜光藻目，冠甲藻目，多甲藻目，钙甲藻目，囊沟藻目，植甲藻目，丝甲藻目，变甲藻目，胶甲藻目，共甲藻目。

甲藻的地理分布

大多数甲藻是海产，淡水产种类较少，也有极少数种寄生于鱼类、桡足类和其他脊椎动物体内。淡水中春秋两季生长旺盛，海水则在暖海中种

类较多。甲藻是重要的浮游藻类，是水生动物主要饵料之一。但是，甲藻过量繁殖，常使水色变红，形成“赤潮”，发生腥臭气味。赤潮形成时，水中甲藻细胞密度过大，藻体死亡后滋生大量腐生细菌，由于细菌的分解作用，使水中的溶氧量急剧下降，并产生大量有毒物质，同时有的甲藻也分泌毒素，因此，赤潮发生后，造成鱼虾贝类大量死亡，对渔业危害很大。

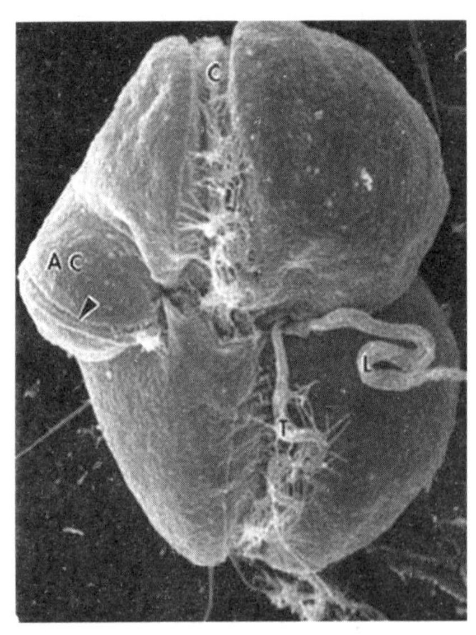

裸甲藻电镜照片

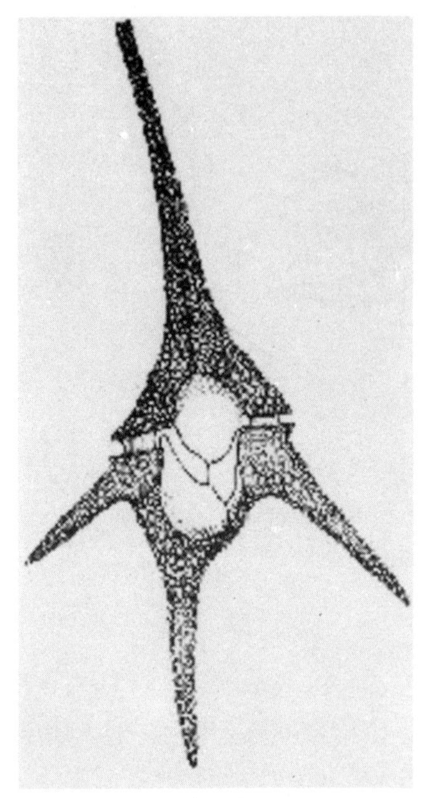

角甲藻

甲藻的主要特征

大多数甲藻是单细胞，少数种类是球胞型或丝状体。

细胞为球形、长椭圆形。细胞裸露或具细胞壁，有的壁薄，有的壁厚而硬，含有纤维素。藻由左、右两个对称的半片组成，无纵沟和横沟。横裂甲藻的细胞壁由多个板片组成。板片有时具角、刺或突起，表面常有圆形孔纹或窝纹。板片的形态构造和组合情况是鉴定种的标准。横裂甲藻多具 1 横沟和 1 纵沟，横沟又称腰带，位于细胞中部偏下，横沟上部称上壳或上锥部，下部称下壳或下锥部，纵沟又称腹区，位于下壳腹面。载色体有多数，呈盘状、片状、棒状或带状，多周生。在电子显微镜下，载色体由3层膜包围，外层是载色体内质网膜，不与核膜相连，里边两层是载色体膜。

光合片层是由3条类囊体叠成的束。含有叶绿素a和叶绿素c、β—胡萝卜素、多甲藻（黄）素、硅甲藻素、甲藻素、硅藻黄素。由于黄色色素类的含量比叶绿素的含量大4倍，因此，载色体常呈黄绿色、橙黄色或褐色。同化产物是淀粉和油。有些甲藻具蛋白核。

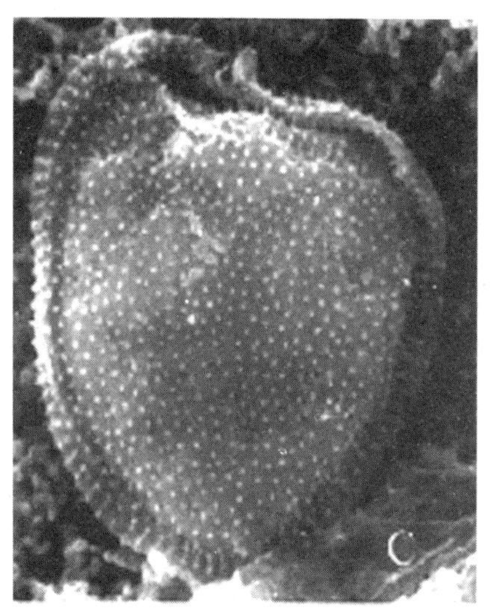

微小原甲藻

甲藻细胞核很大，分裂间期染色体也呈现浓缩的螺旋状态；染色体中组蛋白很少，DNA的复制有两种情况：一种DNA在细胞生活的周期中，不间断地进行复制，这一点与原核细胞DNA的复制相似；另一种和真核细胞相似，DNA的复制是间断性的，在一定时间内进行复制。

细胞为有丝分裂，分裂时核膜核仁不消失，核内没有纺锤丝，染色体附着在核膜上或特殊的着丝点上；核膜凹陷形成沟管，沟管横贯细胞核，在沟管内的细胞质中有纺锤丝；中期没有真核所具有的中期板，后期核向两侧扩展，染色体移至核相对的两端，以环沟在核中部将核分开形成两个子核，称此种核为中核或甲藻核。

甲藻的运动细胞有两条顶生或侧生鞭毛。顶生鞭毛中，一条直伸向前方是尾鞭型，另一条伸出后横向弯曲，是茸鞭型。侧生鞭毛是从横沟与纵沟交叉处的鞭毛孔伸出，其中一条在横沟中，是茸鞭型，叫横鞭毛，另一条沿纵沟向后方伸出，是尾鞭型，叫纵鞭毛。鞭毛鞘内有9+2条轴丝。有些种类有眼点，眼点由脂粒构成，有的种类在脂粒外有一层膜包围。

甲藻液泡位于甲藻细胞体表层，是一种没有伸缩能力的囊状体，囊状体外端有一开口与外界相通，有渗透营养的作用。甲藻还有一种刺丝胞，刺丝胞是高尔基体长出来的，遇到敌人时放出刺丝胞，长约200微米，放出后不收回，被水溶解。

甲藻的繁殖方式

甲藻的繁殖以细胞纵裂为主，少数种类能产生游动孢子、不动孢子和厚壁休眠孢子。

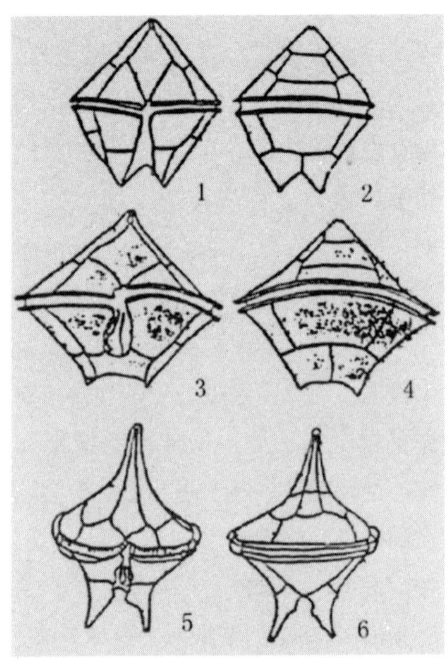

多甲藻属形体示意图

近年来，由于近海水域的富营养化，导致甲藻爆发式的增长繁殖（如夜光藻、海洋原甲藻等），形成水华，使水变色，发出腥臭味，形成赤潮。甲藻密度过大后又造成死亡藻体滋生腐生细菌，使水中溶解氧急剧下降，并产生甲藻毒素，对鱼虾贝类危害较大。另外，通过无脊椎甲壳类动物，如蚝、牡蛎等富集甲藻细胞的动物所释放的毒素，也会对人类产生危害。甲藻死亡后沉积海底，成为古生代油地层中的主要化石，因此，在石油勘探中，常把甲藻化石作为依据。

甲藻的代表植物

多甲藻属

属于横裂甲藻纲多甲藻目。藻体单细胞、椭圆形、卵形或多角形。背腹扁，背面稍凸，代表植物腹面平或凹入，纵沟和横沟明显，细胞壁由多块板片组成。载色体有多数，粒状，周生，为黄褐色、黄绿色或褐红色。有的种类具蛋白核。细胞以斜向纵裂进行繁殖，或形成厚壁休眠孢子，少数种类有有性生殖。本属约有 200 种，海产种类较多，淡水产较少。

角藻属

属横裂甲藻纲多甲藻目。为植物体单细胞，不对称形，顶端有板片突出形成的长角，底部有 2～3 个短角。载色体有多数，橙黄色，细胞核 1 个，有眼点。细胞以斜向纵裂方式繁殖，在营养期末形成厚壁休眠孢子。本属约 80 种，主要为海产、少数生活于淡水中。

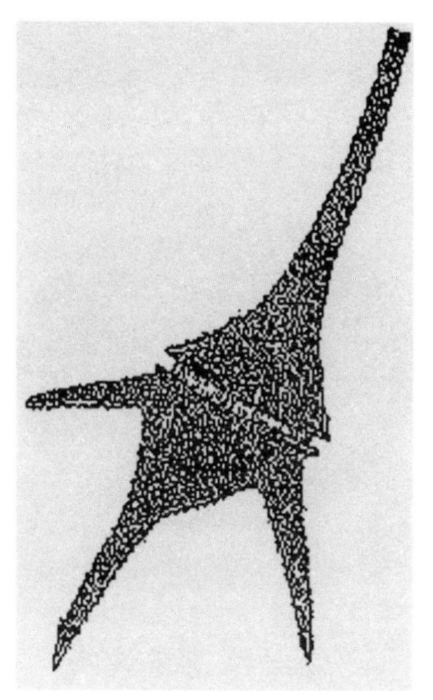

角藻属

枝甲藻属

属于横裂甲藻纲丝甲藻目。植物体是分枝的丝状体，有匍匐枝和直立枝之分。载色体多数。生殖时每个细胞产生1～2个游动孢子。本属是稀见藻类，附生于水中其他藻体上。

原甲藻

原甲藻是甲藻门的一个海产属。细胞呈圆形或心形，左右侧扁，细胞壁中央有一条纵列线，将细胞分为左右两瓣。两条鞭毛自前端伸出。壳面有孔状纹。色素体2个，侧生。是牡蛎和幼鱼的饵料。分布广，大量繁殖可形成“赤潮”。它是太平洋东岸主要的“赤潮”藻类之一。

裸甲藻

裸甲藻是甲藻门的1属。植物体为单细胞，球形、椭圆形、卵形，背腹扁平。横沟明显，多数左旋，罕为右旋，横沟将植物体分为上、下锥部，位于腹面的纵沟长度不等，多数略伸入上锥部。细胞裸露或具薄胞壁，薄壁由多数相同多角形小片组成；表面平滑、罕见具线纹或纵肋纹的。鞭毛2条，色素体多数，盘状、狭椭圆状、棒状，周生或辐射状排列，呈黄、褐、绿或蓝色。有的种具有藻胆素。有些种类无色素体，营养方式为异养型。具或不具眼点。有一个间核型细胞核。

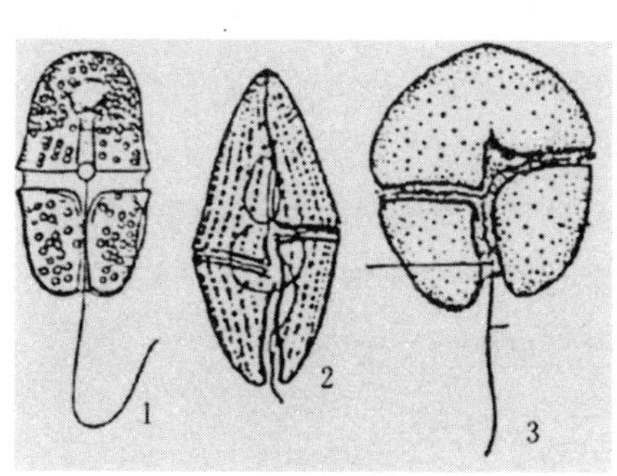

裸甲藻形体示意图

腰鞭毛虫的一个属，分布于淡水或海水。两侧对称，具结构纤细的表膜和盘状色素体。色素体含黄、棕、绿或蓝色的色素。与所有的腰鞭毛虫均有相似之处，既类似植物又类似动物，动物学家认为本属为动物，而植物学家认为是植物。一些种类行光合作用，另一些则寻觅食物。裸甲藻属可发光，发生定期的水华（种群增殖），可使水变成鲜黄色或红色。还能产生一种毒素，类似于腰鞭毛虫膝沟藻属的毒素；两者既能使鱼致死，又对人鼻腔和咽喉有刺激性。

全世界约有 130 种，均为浮游种类，绝大多数为海产，多分布在热带和温带海域，生长在半咸水和淡水中的较少。中国淡水中常见的约有 3 种。常见的繁殖方法是细胞纵分裂，也有产生动孢子、不动孢子或休眠孢子的。有的种如伪沼泽裸甲藻具有有性生殖。裸甲藻属对水温、光强和水的 pH 值的反应极敏感，因而季节变化较显著；是水生动物的饵料，但过量生长则形成对水产有害的“赤潮”。如海产的短裸甲藻形成有毒性的水华，能使鱼类致死。

夜光藻

夜光藻是甲藻门的一个海产属。细胞圆形呈囊状，没有外壳，具有一条能动的触手。细胞为无色或绿色，大量密集时呈红色。具有发光能力。属表层沿岸种类，分布广，世界各海域均有分布。繁殖过剩并密集在一起时形成“赤潮”。此时，每毫升海水中可达 1000 个以上，使鱼类及其他生物呼吸器官发生阻塞并致死。

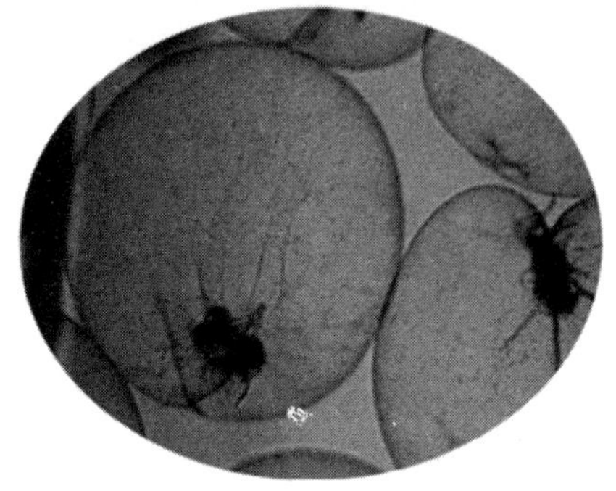

夜光藻

甲藻的生态意义与经济价值

甲藻原被列入动物界原生动物门，发现球胞型和丝状藻体之后，才将其列入植物界。甲藻在色素方面与硅藻相似，但同化产物和形态等构造则明显不同，由于甲藻的构造与其他藻类区别较大，因此，它们是一群自然的植物类群。

甲藻除少数裸露无壁的种类外，都有厚的主要是纤维素组成的细胞壁，称为壳。光合色素为叶绿素 a 和叶绿素 c、β—胡萝卜素，叶黄素类为硅甲藻素、甲藻黄素、新叶黄素及甲藻所特有的多甲藻素。全世界约有

130 属，1000 多种。多数为海产种类，少数产于淡水及半咸水水体中。中国常见的淡水种类有 4 属 15 种。

本门大部分种类可作鱼类及水生动物的饵料。浮游种类中，特别是海产的，是水生生物食物链中的原初生产者之一；有些种类如多甲藻目中的膝沟藻在过量繁殖时形成赤潮，使水呈红色、淡红褐色并发出腥臭味，使水的溶氧量降低，并且分泌毒素——石房蛤毒素及其衍生物，能使其他水生生物死亡，对水产造成危害。

绿　藻

绿藻的分类与分布

认识绿藻

绿藻是一种单细胞球形藻类，在淡水里生活。直径只有几微米大，大小与红细胞大致相同。肉眼看不出来，需以600倍显微镜才能看见极微细藻类。虽然个体极小，可却有着极惊人的生命力和平衡的营养素。

绿藻有惊人的生命力

绿藻已有30多亿年的历史，它之所以有这么惊人的生命力，秘密在于它比起陆地上的高等植物，有100倍强而有力的繁殖力。

绿藻含有高量的叶绿素

绿藻含有高量的叶绿素，光合作用产生氧气和营养素的能力是一般植物的10倍，绿藻堪称是阳光的能源库和健康的宝库。

藻中之王——绿藻是大自然碱性

含量最高的植物，是一般蔬菜的30倍。含丰富且均衡的五大营养素及独特的成分“生长因子”。绿藻是含有叶绿素最多的植物，比一般的绿色植物高出10倍。堪称“自然界的医疗师”有利造血、促进红细胞的数量。

分类与分布

绿藻门是藻类植物中最大的一门，约有430属，6700种。关于绿藻门的分纲，意见不一，本书中沿用两个纲：绿藻纲和轮藻纲。有的学者将轮藻纲分出列为独立的一门。绿藻的分布很广，以淡水中为最多，流水和静水中都可见到。陆地上的阴湿处和海水中也有绿藻生长，有的和真菌共生形成地衣。

绿藻的主要特征

绿藻植物的细胞与高等植物相似，也有细胞核和叶绿体，有相似的色素、贮藏养分及细胞壁的成分。色素中以叶绿素a和叶绿素b最多，还有叶黄素和胡萝卜素，故呈绿色。贮藏的营养物质主要为淀粉和油类。叶绿体内有一至数个淀粉核。细胞壁成分主要是纤维素。游动细胞有2或4条等长的顶生的尾鞭型的鞭毛。

绿藻的体型多种多样，有单细胞、群体、丝状体或叶状体。繁殖的方式也多样，无性生殖和有性生殖都很普遍，有些种类的生活史有世代交替现象。

绿藻的代表植物

绿藻纲的植物体、细胞结构及繁殖方式差异都很大，绝大部分绿藻均属此纲。现将常见的绿藻简介如下。

衣藻属

衣藻属是团藻目内单细胞类型中的常见植物。本属约有100种以上，生活于含有机质的淡水沟和池塘中，早春和晚秋较多，常形成大片群落，使水变成绿色。

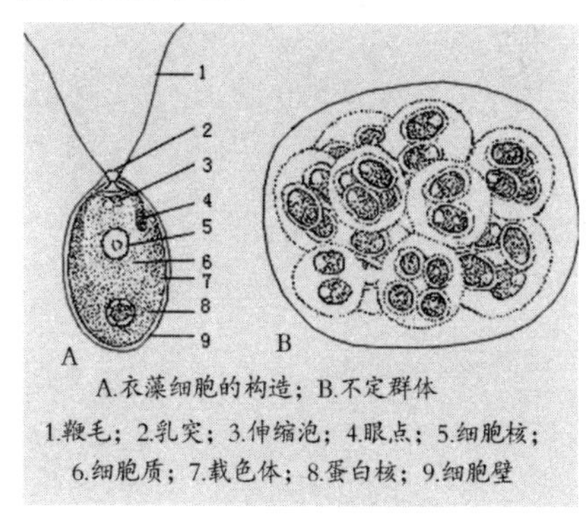

衣藻属细胞的结构

植物体为单细胞，卵形，细胞内有1个厚底杯状的叶绿体，其底部有1个淀粉核。细胞核位于叶绿体上方的杯中。藻体的前端有2条等长的鞭毛，其基部有2个伸缩泡，旁边有1个红色眼点。在电子显微镜下还可以看到类囊体、线粒体和高尔基体等。

衣藻通常进行无性生殖。生殖时藻体常静止，鞭毛收缩或脱落，变成游动孢子囊。原生质体分裂为2、4、8、16，各形成具有细胞壁和2条鞭毛的游动孢子，囊破裂后，游动孢子逸出发育成新个体。

衣藻的有性生殖多数为同配生殖。原生质体分裂成8～64个小细胞，称配子。配子在形态上和游动孢子相似，只是体形较小。配子从母细胞中放出后，游动不久即成对结合，成为2个、具4条鞭毛的合子，合子游动数小时后变圆，形成有厚壁的合子。合子经过休眠，在环境适宜时萌发。萌发时经过减数分裂，产生4个游动孢子。当合子壁破裂后，游动孢子游散出来各形成一个新的衣藻个体。

团藻属

团藻属属于团藻目。春夏两季常见生于淤积的浅水池沼中。植物体是由数百至上万个衣藻型细胞组成的球形群体，衣藻型细胞排列在球体的表面，空心球体内充满胶质和水。有的

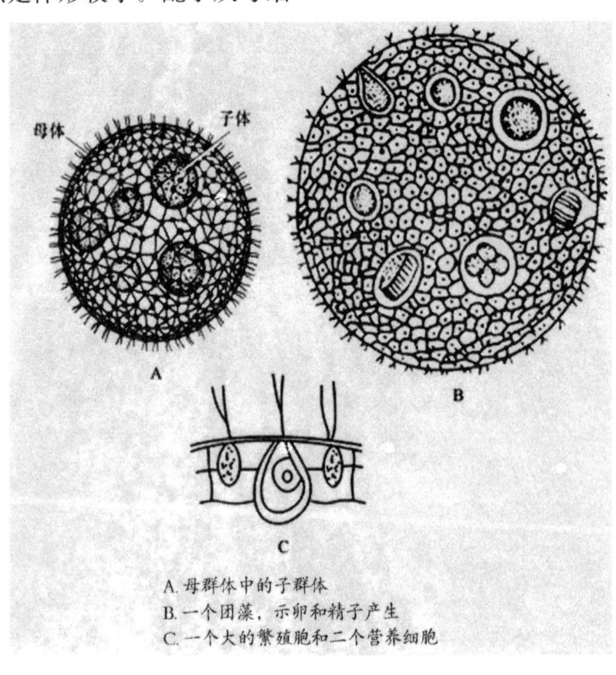

团藻属结构示意图

种有胞间连丝，逐步过渡到多细胞的个体。群体中只有少数大型的细胞能进行繁殖，称为生殖胞。无性生殖时，少数大型的生殖胞经多次分裂形成皿状体，再经翻转作用发育成子群体，落入母群体腔内，母群体破裂时放出子群体，即为一新植物。有性生殖为卵式生殖，精子囊和卵囊分别产生精子和卵，精子和卵结合形成厚壁的合子。当母体死亡腐烂后，合子落入水中，休眠后经减数分裂，发育成一个具有双鞭毛的游动孢子，逸出后萌发成一新的植物体。

团藻目中常见的属还有盘藻属、实球藻属和空球藻属。盘藻属是一种定形群体，无性生殖时，群体的全部细胞同时产生游动孢子，有性生殖为同配。

实球藻属也是定形群体，无性生殖与盘藻属相同，有性生殖是异配。空球藻属是球形或椭圆形群体，少数种的群体细胞，有些是营养细胞。从单细胞的衣藻属，群体的盘藻属、实球藻属、空球藻属和多细胞体的团藻属来看，团藻目中有明显的演化趋势。藻类由单细胞、群体到多细胞体，细胞的营养作用和生殖作用，由不分工到分工，有性生殖由同配、异配到卵配 3 个方面演化。

小球藻属

小球藻属是色球藻目中的常见植物。植物体是单细胞浮游性种类，圆形或椭圆形。体内含有片状和杯状叶绿体，一般无淀粉核。无性生殖时，产生不能游动的似亲孢子。有性生殖尚未发现。分布很广，生活于含有机质的池塘及沟渠中。

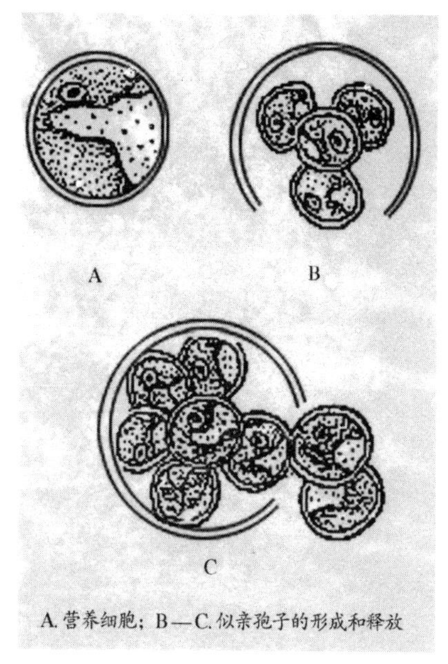

A. 营养细胞；B—C. 似亲孢子的形成和释放

小球藻属

小球藻含丰富蛋白质，含量可高达 50%，又含脂肪及多种维生素，可制高级食品或药剂。

栅藻属

栅藻属是绿球藻目中定型群体中的常见植物。一般是 4 个细胞的定型群体，也有 8 个或 16 个细胞的群体。

细胞形状通常是椭圆形功纺锤形。细胞壁光滑或有各种突起，如乳头、纵行的肋、齿突或刺。细胞单核。幼细胞的载色体是纵行片状，老细胞则充满着载色体，有1个蛋白核。群体细胞是以长轴互相平行排列成1行，或互相交错排列成两行。群体中的细胞有同形或不同形的。无性生殖产生似亲孢子。产生似亲孢子时，细胞中的原生质体发生横裂，接着子原生质体纵裂，有的种连续发生一次或两次纵裂后，子原生质体变成似亲孢子，从母细胞壁纵裂的缝隙中放出，与纵轴相平行排列成子群体。栅藻是淡水藻，在各种淡水水域中都能生活，分布极广。

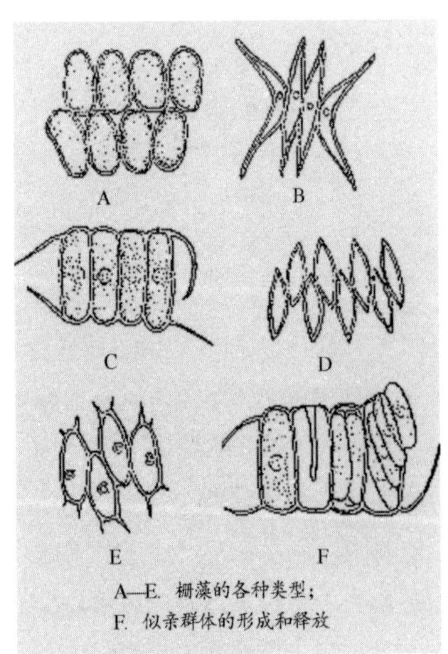

栅藻属的各种类型及似亲群体的形成和释放

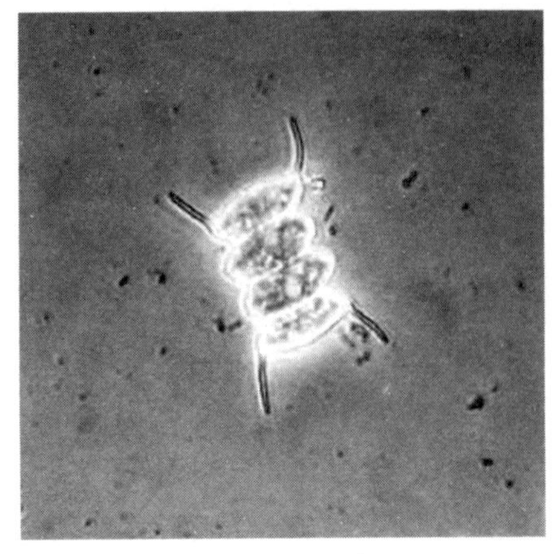

四尾栅藻

丝藻属

丝藻属是丝藻目中常见的植物。藻体为单条丝状体，由直径相同的圆筒形细胞上下连接而成，基部一般以单细胞的固着器固着，生长在岩石或木头上。细胞中央有一个细胞核，叶绿体环带形成筒状，位于侧缘，其上含有一个或数个蛋白核。丝状体一般为散生长，除基部固着器的细胞外，藻体的营养细胞都可进行分裂，产生细胞横隔壁进行横分裂。丝藻属能进行无性和有性繁殖。无性生殖时，除固着器细胞外，全部营养细胞均产生具4或2根鞭毛的游动孢子，1个细胞可产生2、4、8、16或32个游动孢子。游动孢子具眼点和伸缩泡，游动缓慢。其后以鞭毛的一端附着于基质，萌发形成一个基部固定器细胞，分裂延长为单列细胞的丝状体。有性过程为同配生殖，配子的产生过程和游动孢子一样，只是配子数量多。配子在水中游动然后成对结合，来自不同个体的配子之间，进行结合发生有性过程，称为异宗配合现象。合子经休眠及减数分裂后，产生游动孢子和静孢子，每个孢子长成一个新的植物体。

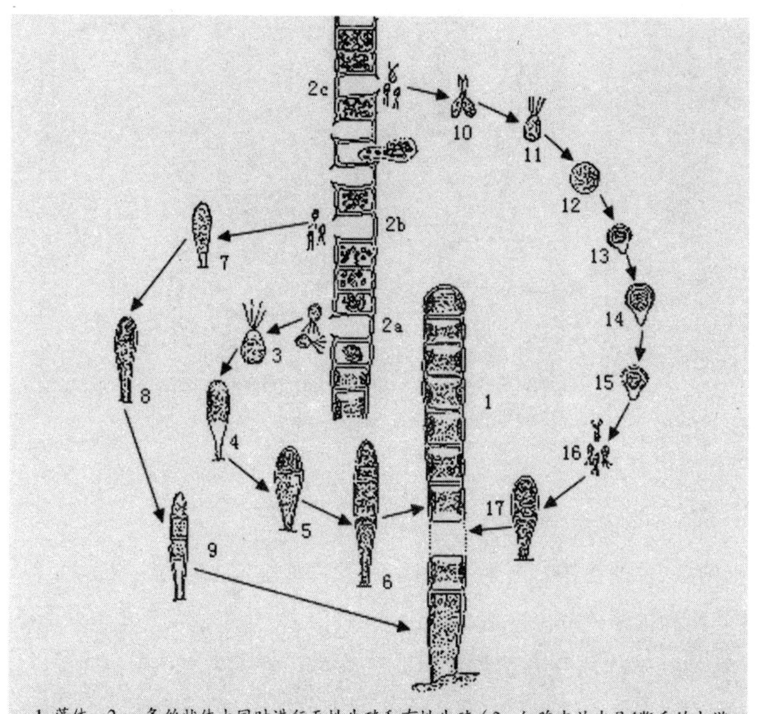

1. 藻体；2. 一条丝状体上同时进行无性生殖和有性生殖（2a. 细胞内放出具4鞭毛的大游动孢子；2b.细胞内放出具2鞭毛的小孢子；2c. 放出具2鞭毛的配子）；3～6. 4条鞭毛的游动孢子发育成新植物体；7～9. 2条鞭毛的游动孢子发育成新的植物体；10. 配子结合；11 ～ 12. 合子；13 ～ 16. 合子萌发形成游动孢子；17. 新的植物体

丝藻的生活史

石莼属

石莼属是石莼目植物。藻体是多细胞，为二层细胞组成的片状叶状体。基部的细胞延伸出假根丝，假根丝生在两层细胞之间，并向下生长伸出植物体外，互助紧密交织，构成假薄壁组织状的固着器，固着于岩石上。藻体细胞表面观为多角形，切面观为长形或方形，排列不规则但紧密，细胞间隙富有胶质。细胞单核，位于片状体细胞的内侧。载色体片状，位于片状体细胞的外侧，有一枚蛋白核。

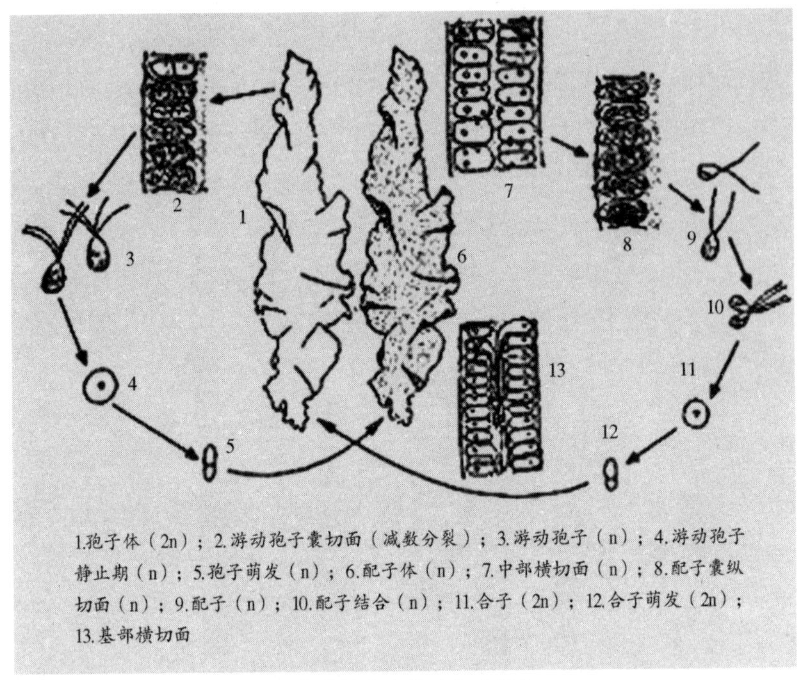

石莼属的形态构造和生活史

石莼有两种植物体，即孢子体和配子体，两种植物体都由两层细胞组成。成熟的孢子体，除基部细胞外，藻体细胞均可形成孢子囊，开始形成于叶状体上部叶缘的营养细胞，以后向内及中、下部扩大。孢子囊孢子母细胞核经过减数分裂，形成 8～16 单倍的、具 4 根鞭毛的游动孢子。成熟后，由孢子囊的小孔逸出，游动一段时间后，附着在岩石上，失去鞭毛，分泌细胞壁，2～3 天后萌发成配子体，此期为无性生殖。配子体成熟后行有性生殖时产生配子，配子的形成过程及放散与游动孢子相似，但配子囊母细胞核无减数分裂。每个配子囊产生 16～32 个具有 2 条鞭毛的配子。多数为异配生殖，由不同藻体产生的配子才能结合成合子。合子在2～3天内萌发为孢子体。石莼属的孢子体和配子体外形相同，由这两种世代的同形藻体交替出现以延续后代，生活史属同形世代交替。

水绵属

水绵属是接合藻目中的常见植物。本属约 300 种。常成片生于浅水的水底或漂浮于水面。植物体为不分枝的丝状体，由许多圆筒状细胞纵向连接而成。由于细胞壁外面有多量的果胶质，故藻体表面滑腻，用手触摸即可辨别。细胞质贴近细胞壁，中央有1个大液泡，细胞核由原生质丝牵引，悬挂于细胞中央。每个细胞内含1至数条带状叶绿体，螺旋状环绕于原生质体的外围。叶绿体上有1列蛋白核。

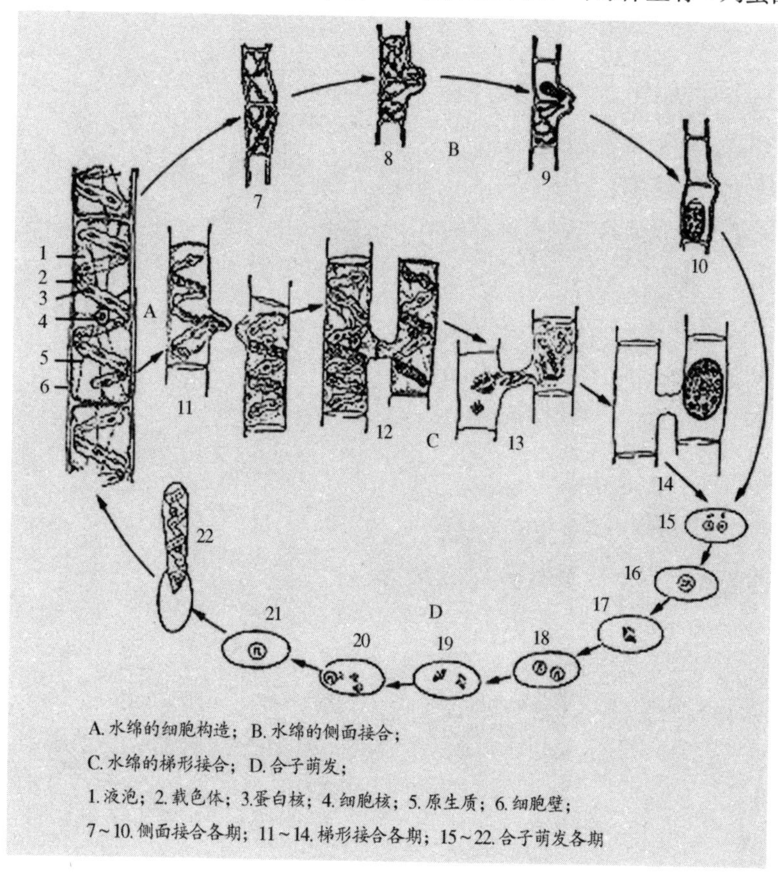

水绵的生活史

水绵的有性生殖为接合生殖，常见的有梯形接合和侧面接合。梯形接合时，在二条并列的丝体上，相对的细胞各生出1个突起，突起相接触处的壁溶解后形成接合管。同时，细胞内的原生质体收缩形成配子。一条丝体中的配子经接合管而进入另一条丝体中，相互融合成为合子。两条丝体和它们之间所形成的多个横列的接合管，外形很像梯子，因此叫做梯形接合。如接合管发生在同一丝状体的相邻细胞间，则叫侧面接合。合子形成厚壁，随着死亡的母体沉入水底休眠，萌发前经减数分裂，其中3核退化，仅1核发育为新的丝状体。

轮藻属

轮藻属约150种。植物体直立，体高10～60厘米，分枝树状，有主枝、侧枝、短枝之分。体表常含有钙质，以单列细胞分枝的假根固着于水底淤泥中。主枝和侧枝分化成节和节间，节的四周轮生有短枝。短枝也分化成节和节间，短枝又被叫做“叶”。无论是主枝或是短枝，顶端均有一个顶细胞，可继续生长。

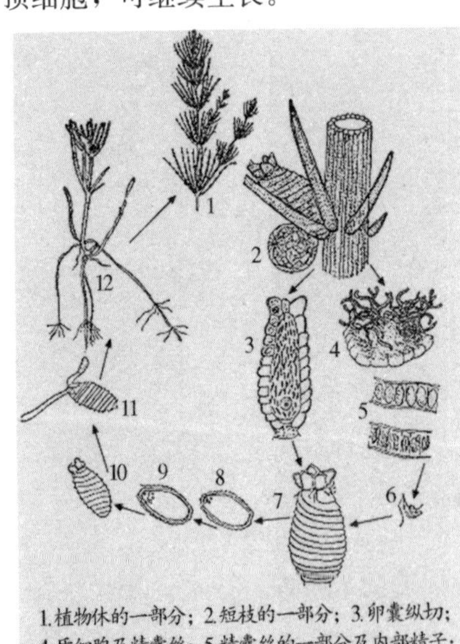

轮藻属的形态构造和生活史

轮藻属没有无性生殖，有性生殖为卵式生殖。雌雄生殖器官结构复杂，为多细胞，二者皆生于短枝的节上。卵囊长卵形，位于假叶的上方，内有1个卵细胞。外围有5个螺旋形的管细胞，管细胞的顶端各有1个冠细胞组成冠。精子囊呈球形，位于假叶的下方，外围由8个三角形的盾细胞组成，成熟时鲜红色，中央有盾柄细胞、头细胞、次级头细胞及数条单列细胞的精囊丝，精囊丝的每个细胞内产生1个精子。精子放出后，进入卵囊与卵受精。合子休眠后，经过减数分裂萌发成为原丝体，然后再长出数个新植物体。轮藻的营养繁殖以藻体断裂为主。轮藻的枝状体基部也可长出珠芽，由珠芽长出植物体。

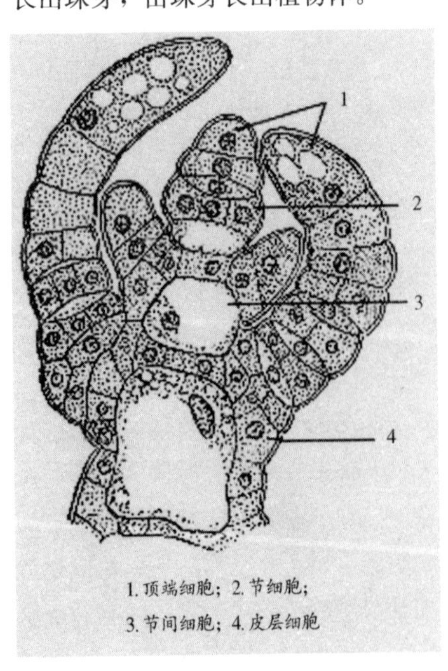

轮藻属顶端纵切示意图

轮藻多生于淡水中，在流动缓慢或静水底部呈小片生长，少数生长在微咸性的水中。

轮藻的植物体高度分化，生殖器官构造复杂，外面有一层营养细胞包围，可与高等植物的性器官相比较。因此，有人将它们列为独立一门。

浒　苔

浒苔藻体草绿色，管状膜质，丛生，主枝明显，分枝细长，高可达1米。基部以固着器附着在岩石上，生长在中潮带滩涂，石砾上。12月至翌年4月是其生长盛期。

浒苔在植物分类学上属于绿藻类

在植物分类学上，浒苔属于绿藻类。虽然它的植物体非常纤细，肉眼看上去呈绿色细丝状，但这样的大小已经足以让人们称之为大型藻类了，因为它是由多细胞构成的，比起那些直径只有几微米到几百微米的单细胞藻类来说，完全算得上是“庞然大物”。

浒苔的繁殖

浒苔是绿藻门石莼科的一属。藻体直立，管状中空或者至少在藻体的柄部和藻体边缘部分呈中空，管状部分由单层细胞组成。藻体单条或者有分枝，圆柱形，有时部分扁压。藻体基部细胞生出假根丝，向下形成固着器。每个细胞有1个细胞核，1个片状叶绿体，常有1个或者多个蛋白核。营养繁殖时，藻体断裂形成新藻体。无性生殖是形成顶端有4条鞭毛的游动孢子，有性生殖为同配或者异配。约有40种，中国约有11种。多数种类海产，广泛分布在全世界各海洋中，有的种类在半咸水或江河中也可见到。常生长在潮间带岩石上或石沼中，或泥沙滩的石砾上，有时也可附生在大型海藻的藻体上。中国常见种类有缘管浒苔、浒苔、扁浒苔、条浒苔。浒苔属的种类可食用。福建南部用浒苔做调味品和食品。江苏、浙江称浒苔为苔条，为市场上常见食品。肠浒苔可供药用。

浒苔虽然无毒，但是大规模爆发也不是什么好事

单细胞藻类个头小，表面积大，所以吸收养分快，又因为它们很容易死亡或被动物吃掉，所以一旦有合适的条件，它们就会以惊人的速度不停地繁殖、繁殖、繁殖。大量繁殖的藻华生物不仅会堵塞鱼类等呼吸生物，致其死亡，而且会遮蔽射入水体的阳光，使固着在水底的其他藻类因缺少阳光而死去；有的藻华生物还会释放毒素，并在鱼和贝类中积累，水鸟或人类在摄食这些鱼和贝类之后便会中毒；藻华生物本身死亡之后还会腐烂分解，从而大量消耗水中的氧气，从而彻底让它爆发的水域成为“死水一潭”。

浒苔则不然，正因为它是多细胞生物，它的繁殖速度比单细胞的藻华生物要慢，因此浒苔爆发是很少发生的，往往还没轮到它疯长，有害藻华就先行发生了。但是，浒苔有一种本领，可以分泌一些特殊的化学物质，阻止藻华生物的繁殖，所以在碰巧的情况下，浒苔也可以先于藻华生物爆发——2008 年夏天的青岛海边，就出现了这种情况。

浒苔富含碳水化合物、蛋白质、粗纤维及矿物质

浒苔虽然无毒，但是大规模爆发也不是什么好事。和赤潮一样，大量繁殖的浒苔也能遮蔽阳光，影响海底藻类的生长；死亡的浒苔也会消耗海水中的氧气；还有研究表明，浒苔分泌的化学物质很可能还会对其他海洋生物造成不利影响。浒苔爆发还会严重影响景观，干扰旅游观光和水上运动的进行，这正是人们想要竭力消除的最大不利影响。所以，现在国外已经把浒苔一类的大型绿藻爆发称为绿潮，视为和赤潮一样的海洋灾害。有专家出于安抚人心的考虑，说这次浒苔爆发没有什么负面影响，严格来说

是不确切的。现在普遍认为，由于人类向海洋中排放大量含氮和磷的污染物而造成的海水富营养化，不仅是许多赤潮发生的重要原因，也是许多绿潮爆发的重要原因。

打捞浒苔

好在浒苔爆发的治理相对比较容易，只要持续不断地打捞，等到水中的营养元素消耗得差不多了，绿潮自然会逐渐消退。相比之下，赤潮的治理就困难多了。正因为有这个好处，科学家们反而希望大型绿藻能够多多繁衍，抑制赤潮的发生，只要在绿潮爆发前能及时打捞掉一部分就行了。当然，最有效的治理办法是不要让海水富营养化，从根本上断绝赤潮或绿潮发生的人为因素——不过，这可是环保工作的一大难点。

海浒苔的价值

浒苔富含碳水化合物、蛋白质、粗纤维及矿物质，同时还含有脂肪和维生素。在浒苔蛋白质中，氨基酸种类齐全，必需氨基酸含量较高，其中缘管浒苔的限制氨基酸为赖氨酸，氨基酸评分为 79；条浒苔的限制氨基酸为蛋氨酸，氨基酸评分为 80。浒苔的脂肪酸组成中，多不饱和脂肪酸、单不饱和脂肪酸和饱和脂肪酸的含量为分别为 50.5%、12.7% 和 36.8%，其中包括近 4%的奇数碳原子脂肪酸。因此浒苔是高蛋白、高膳食纤维、低脂肪、低能量，且富含矿物质和维生素的天然理想营养食品的原料。

新鲜苔条晒干后可以吃，把它切碎磨细后，撒在糕饼点心中有一股特殊香味。

条浒苔是沿海人民常采持食用或用做饲料的藻类，可以鲜食，也可晒干贮存，可以烹食。还有人把苔条拌入面粉中做苔条饼，既增色又具独特的清香味。浒苔的纤维质有解毒烟碱的作用，对吸烟者有好处。条浒苔含碘较多。

青岛近海浒苔灾害

从 2008 年 6 月中旬开始，大量浒苔从黄海中部海域漂移至青岛附近海域，青岛近海海域及沿岸遭遇了突如其来、历史罕见的浒苔自然灾害。青岛是 2008 年夏季奥运会帆船比赛场地。浒苔曾一度对帆船运动员海上训练造成影响，截至 7 月 5 日青岛海

陆已清理浒苔40多万吨。到7月15日，清除浒苔100多万吨。青岛奥帆比赛水域和青岛沿岸浒苔基本清理完毕。

针对各界对浒苔发生沉降后是否会导致水体污染并由此引发次生灾害的问题，中国有关海洋专家表示，目前还没有任何证据证明浒苔沉降后会产生污染，不会对青岛近海造成次生灾害。野生浒苔因混有其他水草和泥沙，口感很差。不过，把浒苔作为饲料或肥料还是很不错的，这也算是浒苔爆发能带给青岛人民的一项利益吧。

绿藻的经济价值

绿藻门的经济价值很高。绿藻中如石莼、礁膜、浒苔等历来是沿海人民广为采捞的食用海藻。海产扁藻、小球藻等单细胞绿藻繁生快，产量高，含有一定量的蛋白质、糖类、氨基酸和多种维生素，可做食品、饲料或提取蛋白质、脂肪、叶绿素和核黄素等多种产品。有的绿藻可作为药用，如小球藻、孔石莼等。此外，还可利用藻菌共生系统和活性藻的方法来处理生活污水和工业污水。

蓝　　藻

蓝藻的分类与分布

认识蓝藻

蓝藻是原核生物，又叫蓝绿藻蓝细菌；大多数蓝藻的细胞壁外面有胶质衣，因此又叫粘藻。在所有藻类生物中，蓝藻是最简单、最原始的一种。蓝藻是单细胞生物，没有细胞核，但细胞中央含有核物质，通常呈颗粒状或网状，染色质和色素均匀地分布在细胞质中。该核物质没有核膜和核仁，但具有核的功能，故称其为原核（或拟核）。在蓝藻中，还有一种环状 DNA——质粒，在基因工程中担当了运载体的作用。和细菌一样，蓝藻属于原核生物。它和具原核的细菌等一起，单立为原核生物界。所有的蓝藻都含有一种特殊的蓝色色素，蓝藻就因此得名。但是蓝藻也不全是蓝色的，不同的蓝藻含有一些不同的色素，有的含叶绿素，有的含有蓝藻叶黄素，有的含有胡萝卜素，有的含有蓝藻藻蓝素，也有的含有蓝藻藻红素。红海就是由于水中含有大量藻红素的蓝藻，使海水呈现出红色。

蓝　藻

蓝藻的分类与科属

蓝藻包括蓝球藻、颤藻和念珠藻。

蓝藻属蓝藻门，分为两纲：色球藻纲和藻殖段纲。色球藻纲藻体为单细胞体或群体；藻殖段纲藻体为丝状体，有藻殖段。蓝藻大约出现在距今33～35亿年前，已知蓝藻约2000种，中国已有记录的约900种。它的分布十分广泛，遍及世界各地，但大多数（约75%）为淡水产，少数为海产；有些蓝藻可生活在60～85℃的温泉中；有些种类和菌、苔藓、蕨类和裸子植物共生；有些还可穿入钙质岩石或介壳中（如穿钙藻类）或土壤深层中（如土壤蓝藻）。

蓝球藻

蓝球藻呈细胞球形、半球形。一般由2、4、8、16或更多细胞（很少超过64或128个细胞）所组成的群体，单个的较少见。每个细胞内含有均匀的或做不规则运动的小颗粒体。假空泡或有或无。细胞的色素区的色彩白灰色以至淡蓝绿色、蓝绿色、橄榄绿色、橙黄或蓝紫色等。每个细胞外都被有质地均匀、具有层理的个体衣鞘，借此与群体中的各细胞相互分开；群体的胶质衣鞘较厚，均匀或有层理，坚固或因含多量水分而柔弱透明。细胞分裂面有三个。在群体中的有些细胞，有时两细胞的相贴靠处大多平直呈现棱角，因此细胞往往呈半球形。常见的种类有湖沼色球藻、束缚色球藻、小形色球藻和微小色球藻。

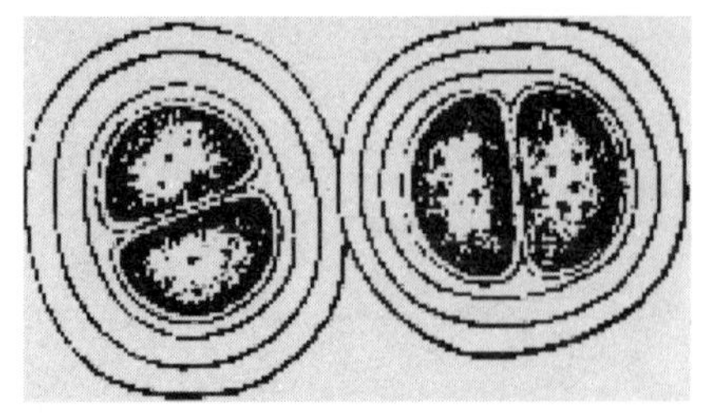

蓝球藻细胞切面

念珠藻

念珠藻是蓝藻门的一目。藻体为多细胞的丝状体，单一或多数藻丝在公共的胶质被中。藻丝单列，细胞为球形、椭圆形、圆柱形、腰鼓形等，同大，或从基部至梢端逐渐变细；藻丝平直，弯曲或规则地卷曲、旋绕；丝状体无分枝或具各式样的伪分枝；具胶鞘，鞘内有一至多条藻丝。依属种的不同，其胶鞘为透明无色或有颜色，均质或有层理，胶状或坚韧；藻丝大多数具异形胞，为球形，长球形或锥形，位于藻丝的基部（基生）、在营养细胞之间（间生）、或在藻丝的两端（端生）；伪分枝发生的位置往往和异形胞有关。有许多属具厚壁孢子，基生或间生，有时（例如念珠藻属）在整个藻丝上除异形胞外，其全部的营养细胞都可发育成厚壁孢子。有许多属产生段殖体进行繁殖。

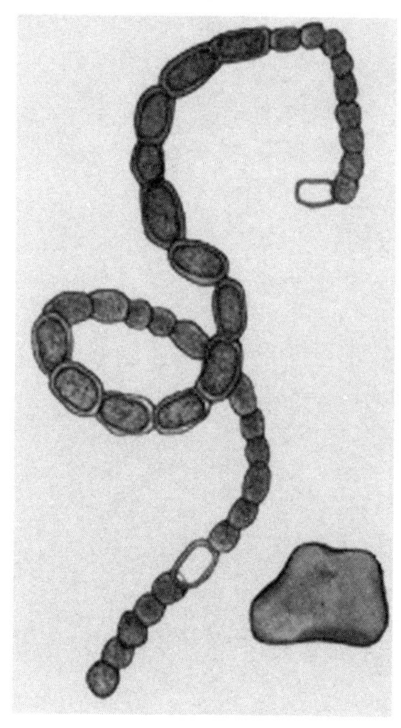

念珠藻

本目下分5科：念珠藻科、微毛藻科、胶须藻科、伪枝藻科和颤藻科。

亦有将颤藻科另列为颤藻目的，因为它缺异形胞和厚壁孢子，体制上与其他几科有明显差异。

本目蓝藻有的可做食用，如发菜、葛仙米、螺旋藻等；有许多能固氮，可作为生物肥源，如鱼腥藻、单歧藻等。有一些种类是引起水体水华的主要种类，有重要的生态意义。

色球藻

色球藻是蓝藻门的一目。原植体为单细胞或群体。群体为球状、平板状、立方体状、不定型团块状，或形成假丝状；自由浮沉或附着于基质上。多数属种的细胞无顶部和基部的分化；细胞为球形、椭圆形、长圆形、柱形、梨形等；细胞壁分内外两部分，内层含有纤维素，密贴于原生质体外，外层为果胶质，无色而透明，或呈黄、棕、红等色，均质或呈明显的层理。群体中的细胞被包埋在公共的胶被中，由此组成一定形状或不定型群体。繁殖方法为细胞分裂或群体断裂，分裂面有1个、2个和3个的区别。

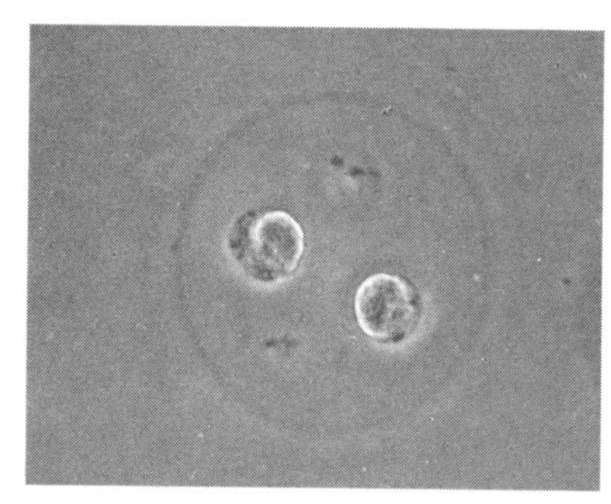

色球藻

色球藻现有35个属，250种。绝大多数为淡水产。分布极广，在各种生境中都能生存；水生的属种多数营浮游生活，或附着于水体中的物体上；亚气生及气生的属种，多数聚集成各式团块状，黏附在各种基质如石块、墙壁、树干、藓类以及比较大型的其他藻类植物体或其胶质分泌物上。有三个科：色球藻科、石囊藻科和蓝柄藻科。

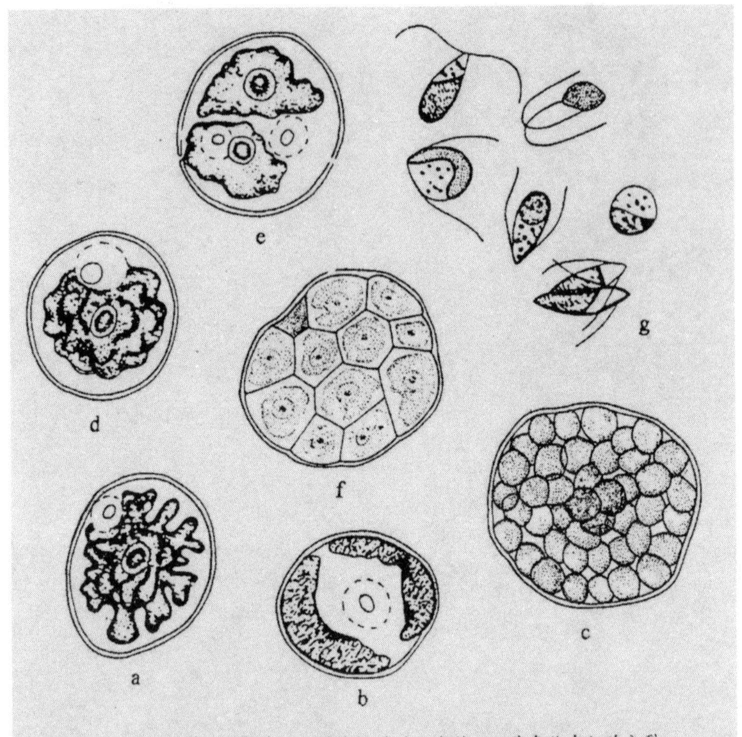

类群 1.a～c：a. 营养细胞载色体边缘分化为狭细分枝；b. 载色体在细胞分裂期间变为带状而位于细胞周壁处；c. 由滞留的游动孢子形成的静孢子。
类群 2. d～f：d. 营养细胞载色体的边缘光滑而不分化为狭细分枝；e. 载色体在细胞分裂期间不变为带状，也不扩展至细胞壁，而仍位于细胞中央；f. 静孢子既由一个多边形的细胞分裂而形成，也由滞留的游动孢子所形成；g. 双鞭毛而裸露的游动孢子

色球藻细胞类群示意图

色球藻科种类多，分布广，最常见的有色球藻属、粘球藻属、粘杆藻属、束球藻属、腔球藻属、平裂藻属、隐球藻属、隐杆藻属等，星球藻属为中国特有属，分布于西南、华南各省。

宽球藻

蓝藻门的1目。本目植物的原植体的构造及繁殖，虽比许多具段殖体的蓝藻简单，没有异形胞，不产生段殖体和厚壁孢子，但其藻体有直立部和匍匐部分化的异丝体性机构，则又为高级型的性质；此外，此中某些属

种有假薄壁组织的出现，亦表明在系统地位上的高级型。本目种类有的生长于海边的高潮线区，有的生于湖泊的潮间区、山间急流的岩石上，有的为海洋大型藻体的附植藻类。宽球藻可分为蓝枝藻科、宽球藻科两科。

蓝藻的分布

蓝藻分布很广，在淡水和海水中、潮湿和干旱的土壤和岩石上、树干和树叶以及温泉、冰雪，甚至在盐卤池、岩石缝等处都可生存，有些还可穿入钙质岩石或钙质皮壳中（如穿钙藻类），具有极大的适应性。在热带、亚热带的中性或微碱性生境中生长特别旺盛。有许多种类是普生性的，如陆生的地木耳，不仅存在于热带、亚热带和温带，在寒带甚至南极洲亦有发现。

蓝藻的抗逆性很强，能耐干旱，有些干燥标本存贮65～106年还可保持活力。中国的固氮鱼腥藻干燥保存19年后再重新培育时还能生长和固氮。有些蓝藻能在76℃温泉中生长繁殖，有的在54℃条件下还能生长固氮（如鞭枝藻）；有的可抗－35℃的低温（如地木耳）；有一些在过饱和盐水中也可生长。因此，蓝藻常是先锋植物。

蓝藻是一门藻类植物，是能进行光合作用放氧的原核生物。也有人把蓝藻划为生物的一界——蓝菌界。单细胞个体或群体，或为细胞成串排列组成藻丝（细胞列）的丝状体，不分枝、假分枝或真分枝。具核质，无核膜；色质区主要由类囊体及其有关结构，藻胆体和糖原颗粒等所组成，具叶绿素a、藻胆素、胡萝卜素、类胡萝卜素等光合色素，但无叶绿体膜，不形成叶绿体；具细胞壁。蓝藻已存在约30亿年，是最早的光合放氧生物，对地球表面从无氧的大气环境变为有氧环境起了巨大的作用。现已知蓝藻约2000种，中国已有记录的约900种。

蓝藻的主要特征

蓝藻植物细胞里的原生质体，分化为中心质和周质两部分。中心质又叫中央体，在细胞中央，其中含有核质。核质呈颗粒状或互相连接成网状，无核膜和核仁的结构，但有核的功能，故称原始核。蓝藻细胞与细菌细胞的构造相同，两者都是原始核，而不是真核，故称它们为原核生物。周质又叫色素质，在中心质的四周，周质中含有叶绿素a、藻蓝素、藻红素及一些黄色色素。蓝藻细胞没有分

化成载色体，周质起着载色体的作用。在电子显微镜下观察，周质中有亚显微片层，这些片层有规则地排列，是光合作用的场所。

蓝藻光合作用的产物为蓝藻淀粉和蓝藻颗粒体，这些营养物质分散在周质中。周质中有气泡，充满气体，是适应于浮游生活的一种细胞器，在显微镜下观察呈黑色。蓝藻细胞壁分两层，内层薄，由纤维素构成，外层是果胶质组成的胶质鞘，也含有少量纤维。在电子显微镜下观察，蓝藻的细胞壁是由三层或多层构成的。有些种类的胶质鞘容易水化，有的胶质鞘比较坚固，易形成层理。胶质鞘中还常常含有红、紫、棕色等非光合作用的色素。

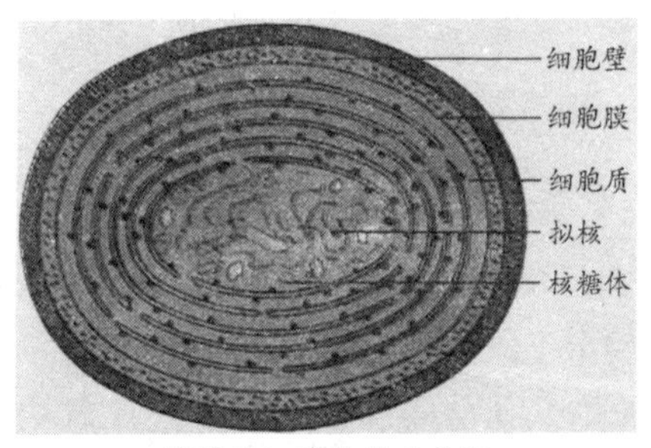

蓝藻的细胞结构示意图

蓝藻植物体有单细胞的、群体的和丝状体的。有的蓝藻在每条藻体中只有一条藻丝，有的种有多条藻丝。在一些蓝藻的藻丝上常含有特殊细胞，叫异形胞。异形胞是由营养细胞形成的，一般比营养细胞大，在光学显微镜下观察，细胞内是空的。形成异形胞时，细胞内的贮藏颗粒溶解，光合作用时层片破碎，形成新的膜，同时分泌出新的细胞壁物质于细胞壁外边。

蓝藻的繁殖方式

蓝藻不具叶绿体、线粒体、高尔基体、中心体、内质网和液泡等细胞器，含叶绿素 a，无叶绿素 b，含有数种叶黄素和胡萝卜素，还含有藻胆素（是藻红素、藻蓝素和别藻蓝素的总称）。一般说，凡含叶绿素 a 和藻蓝素量较大的，细胞大多呈蓝绿色。同样，也有少数种类含有较多的藻红素，藻体多呈红色，如生于红海中的一种蓝藻，名叫红海束毛藻，由于它含的藻红素量多，藻体呈红色，而且繁殖得也快，故使海水也呈红色，红海便由此而得名。蓝藻虽无叶绿体，但在电镜下可见细胞质中有很多光合膜，叫类囊体，各种光合色素均附于其上，光合作用过程在此进行。蓝藻的细胞壁和细菌的细胞壁的化学组成类似，主要为肽聚糖（糖和多肽形成的一类化合物）；贮藏的光合产物主要为蓝藻淀粉和蓝藻颗粒体等。细胞壁分内外两层，内层是纤维素的，少数人认为是果胶质和半纤维素的。外层是胶质衣鞘以果胶质为主，或有少量纤维素。内壁可继续向外分泌胶质增加到胶鞘中。有些种类的胶鞘很坚密并且有层理，有些种类胶鞘很易水化，相邻细胞的胶鞘可互相融合。胶鞘中可有棕、红、灰等非光合作用色素。蓝藻的藻体有单细胞体的、群体的和丝状体的。最简单的是单细胞体。有些单细胞体由于细胞分裂后子细胞包埋在胶化的母细胞壁内而成为群体，如若反复分裂，群体中的细胞可以很多，较大的群体可以破裂成数个较小的群体。有些单细胞体由于附着生活，有了基部和顶部的极性分化，丝状体是由于细胞分裂按同一个分裂面反复分裂、子细胞相接而形成的。有些丝状体上的细胞都一样，有些丝状体上有异形胞的分化，有的丝状体有伪枝或真分枝，有的丝状体的顶部细胞逐渐尖窄成为毛体，这也叫有极性的分化。丝状体也可以连成群体，包在公共的胶质衣鞘中，这是多细胞个体组成的群体。

蓝藻的繁殖方式有两类，一为营养繁殖，包括细胞直接分裂（即裂殖）、群体破裂和丝状体产生藻殖段等几种方法，另一种为某些蓝藻可产生内生孢子或外生孢子等，以进行无性生殖。孢子无鞭毛。目前尚未发现蓝藻有真正的有性生殖。

蓝藻的繁殖

蓝藻是最早的光合放氧生物，对地球表面从无氧的大气环境变为有氧环境起了巨大的作用。有不少蓝藻（如鱼腥藻）可以直接固定大气中的氮（原因：含有固氮酶，可直接进行生物固氮），以提高土壤肥力，使作物增产。还有的蓝藻可食用，如著名的发菜和普通念珠藻（地木耳）、螺旋藻等。

蓝藻的代表植物

单细胞或群体类型的代表

1. 色球藻属属于色球藻目。植物体为单细胞或群体。单细胞时，细胞为球形，外被固体胶质鞘。群体是由两代或多代的子细胞在一起形成的，每个细胞都有个体胶质鞘，同时还有群体胶质鞘包围着。细胞呈半球形，或四分体形，在细胞相接处平直。胶质鞘透明无色，浮游生活于湖泊、池塘、水沟，有时也生活在湿地、树干或滴水的岩石上。

2. 微囊藻属属于色球藻目。植物体是球形、不规则形或具有很多穿孔的浮游性群体。群体细胞很多，均匀地分布在无结构的基质中。细胞球形，多数具有气泡。

微囊藻分泌一种能抑制其他藻类生长的物质，有些种类还可以产生一种叫做“致死因子”的毒素，能毒害摄食藻类的动物。夏季在营养丰富的水中大量繁殖，形成水华，危害水生动物。

色球藻目中除上述两属外，常见的还有粘球藻属、粘杆藻属、平裂藻属和腔球藻属。

3. 管孢藻属属于管孢藻目。植物体单细胞，长杆形，有极性分化，以基部附着于水生的被子植物、苔藓植物、藻类植物或其他植物体上。细胞以产生外生孢子进行生殖。

管孢藻目中常见的还有皮果藻属，以内生孢子进行生殖。

丝状体的代表

1. 颤藻属属于颤藻目。植物体是一列细胞组成的丝状体。丝状体常丛生，并形成团块。细胞短圆柱状，长比宽短，无胶质鞘，或有一层不明显的胶质鞘。丝状体能前后运动，或左右摆动，故称颤藻。以藻殖段进行繁殖。

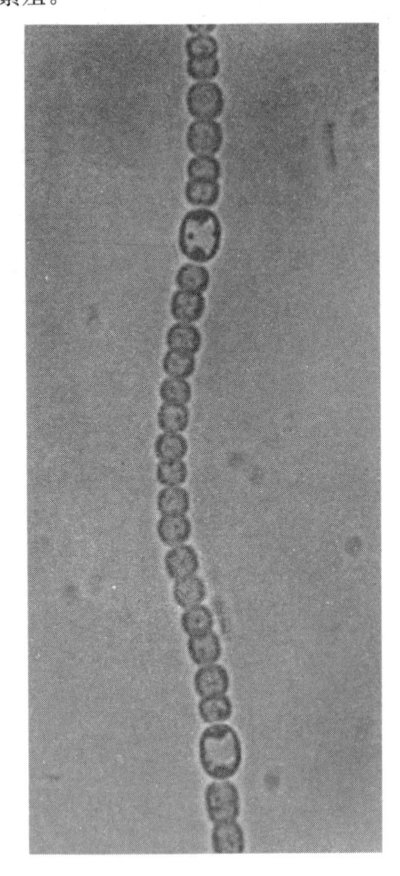

鱼腥藻

生于湿地或浅水中。与颤藻极易混淆的席藻属，在藻丝外边有明显的胶质鞘。

2. 念珠藻属属于颤藻目。植物体是由一列细胞组成不分枝的丝状体。丝状体常常是无规则地集合在一个公共的胶质鞘中，形成肉眼能看到或看不到的球形体、片状体或不规则的团块，排成一行如念珠。丝状体有个体胶质鞘，或无个体胶质鞘。异形胞壁厚。以藻殖段进行繁殖。丝状体上有时有厚壁孢子。

念珠藻属生活于淡水中、潮湿土壤或石上。本属的地木耳和发菜可供食用。

鱼腥藻属和念珠藻属非常相似，并同属于颤藻目。细胞圆形，连接成直的或弯曲的丝状体，单二或集聚成团，浮生于水中，但无公共胶质鞘。

鱼腥藻常与铜色微囊藻一起形成水华。念珠藻和鱼腥藻都能固定游离氮，养殖在稻田中，可使水稻增产。有一种鱼腥藻生于红萍的叶内，与红萍共生。

3. 真枝藻属属于颤藻目。植物体是单列细胞或多列细胞构成的不规则分枝的丝状体。许多丝状体集生在一起，呈黑褐色绒毛状。丝状体有厚而坚硬的胶质鞘，胶质鞘透明，多为黄褐色。细胞为球形或椭圆形。真分枝是细胞在纵轴方向分裂形成的，有异形胞。

该属多生于潮湿的岩石上。

颤藻目中有些属是具假分枝的藻类，常见的有单歧藻属和双歧藻属。假分枝是一个或两个藻殖段，从胶质鞘侧面穿出，并发育成枝。

蓝藻的危害性

蓝藻的危害与天敌

在一些营养丰富的水体中，有些蓝藻常于夏季大量繁殖，并在水面形成一层蓝绿色而有腥臭味的浮沫，称为水华。大规模的蓝藻暴发，被称为绿潮（和海洋发生的赤潮对应）。绿潮引起水质恶化，严重时耗尽水中氧气而造成鱼类的死亡。更为严重的是，蓝藻中有些种类（如微囊藻）还会产生毒素（简称 MC），大约 50％的绿潮中含有大量 MC。MC 除了直接对鱼类、人畜产生毒害之外，也是肝癌的重要诱因。MC 耐热，不易被沸水分解，但可被活性炭吸收，所以可以用活性炭净水器对被污染水源进行净化。

蓝藻的危害——引起水质恶化

蓝藻等藻类是鲢鱼的食物，可以通过投放此类鱼苗来治理藻类，防止藻类暴发。

蓝藻暴发原因

蓝藻暴发是因为富营养化。过量的养分主要来自于以下这些源头：

1. 化肥流失，化肥是很多富营养化区域的主要养分来源，例如在密西西比河流域，67％的氮流入水体，随之流入墨西哥湾，波罗的海和太湖中超过50％的氮也来自化肥的流失。

2. 生活污水，包括人类的生活废水和含磷清洁剂。

3. 畜禽养殖，畜禽的粪便含有大量营养废物如氮和磷，这些元素都能导致富营养化。

4. 工业污染，包括化肥厂和废水排放。

5. 燃烧矿物燃料，在波罗的海中约30％的氮，在密西西比河中约13％的氮来源于此。

藻毒素的危害性

藻毒素具有水溶性和耐热性，易溶于水，含甲醇或丙酮，不挥发，抗PH变化。其分子式为$C_{49}H_{74}N_{10}O_{12}$，分子量为995.2（计算时往往按1000计）。

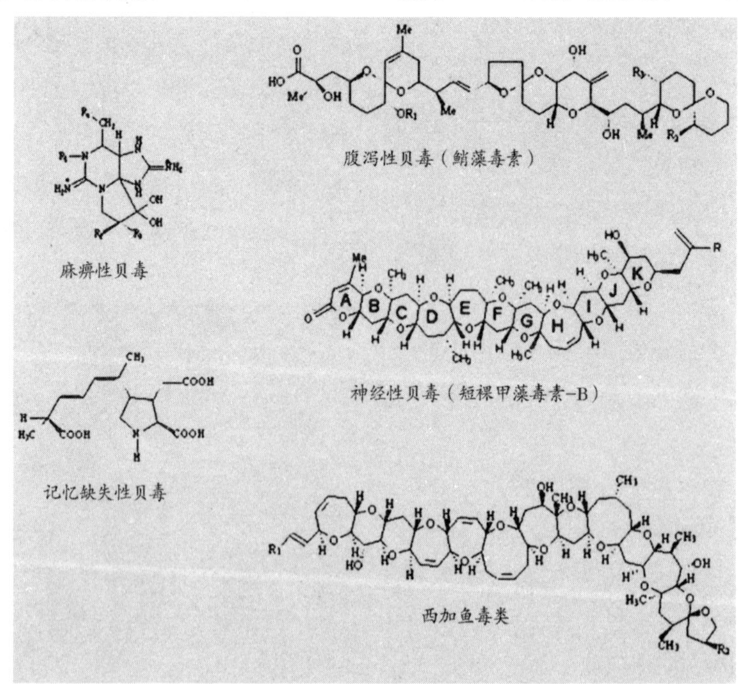

几种藻毒素的基本结构

藻毒素在水中的溶解性大于 1 克/升，化学性质相当稳定。在水中藻毒素的自然降解过程是十分缓慢的，当水中的含量为 5 毫克/升时，3 天后，仅 10%被水体中微粒吸收，7%随沙沉淀。藻毒素有很高的耐热性，加热煮沸都不能将毒素破坏，也不能将其去除；自来水处理工艺的混凝沉淀、过滤、加氯也不能将其去除。有调查试验研究表明，在某湖周围 3 个自来水厂的出厂水中检出低浓度的藻毒素（128～1400 毫克/升），结果显示采用常规的饮水消毒处理不能完全消除水体中的藻毒素。

含微量藻毒素的鱼

藻毒素是一种肝毒素，这种毒素是肝癌的强烈促癌剂。

家畜及野生动物饮用了含藻毒素的水后，会出现腹泻、乏力、厌食、呕吐、嗜睡、口眼分泌物增多等症状，甚至死亡。病理病变有肝脏肿大、充血或坏死，肠炎出血、肺水肿等。

对于人类健康，微囊藻毒素也具有很大危害性。其中 MC－LR 的半致死剂量（LD50）为 50～100 毫克/千克。人们在洗澡、游泳及其他水上休闲和运动时，皮肤接触含藻毒素水体可引起敏感部位（如眼睛）和皮肤过敏；少量喝入可引起急性肠胃炎；长期饮用则可能引发肝癌。医学部门已发现饮水中微量微囊藻毒素与人群中原发性肝癌的发病率有很大相关性。1996 年，在巴西造成 100 多名急性肝功能故障，7 个月内至少 50 人死于藻毒素产生的急性效应，引起举世瞩目的关注。淡水水体中的蓝藻毒素已成为全球性的环境问题，世界各地经常发生蓝藻毒素中毒事件。

红　藻

红藻的分类与分布

什么是红藻

红藻是含有红色素的一门藻类，构成植物中的红藻门，几乎所有的红藻都生活在海洋中，它们生长在涨潮线以下的岩石上或较深的水中，有些物种可以在250米深的海里生长，比其他任何植物所能生存的深度都深，红藻的颜色来自称为藻胆素的色素，其红色遮掩了叶绿素的颜色。

红藻的分类

红藻门内有红毛菜纲（或称原红藻纲）和真鸭毛藻红藻纲，前者包括4个目：紫球藻目、红刺藻目、弯枝藻目和红毛菜目；后者包括6个目：海索面目、隐丝藻目、杉藻目、红皮藻目、掌藻目和仙菜目。近来，真红藻纲的分类除了上述6个目外，还增加了串珠藻目、石花菜目、柏桉藻目和珊瑚藻目。

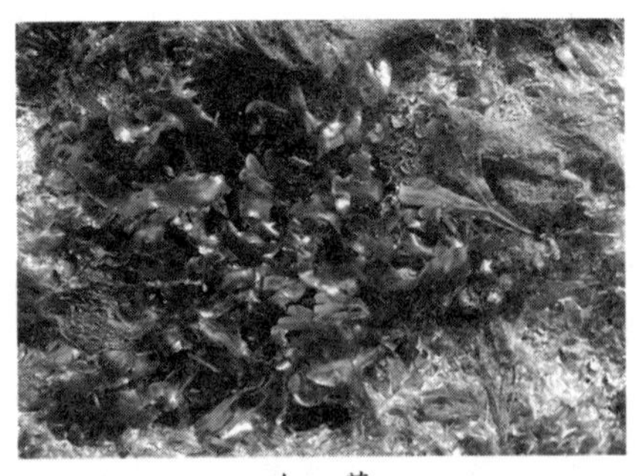

红　藻

红藻的地理分布

红藻门植物绝大多数分布于海水中，仅有10余属，50余种是淡水种。淡水种多分布在急流、瀑布和寒冷空气流通的山地水中。海产种由海滨一直到深海100米都有分布。海产种的分布受到海水水温的限制，并且绝大多数是固着生活。

红藻的主要特征

植物体多为丝状体、叶状体或枝状体，少数为单细胞或群体。藻体常有一定的组织分化，如某些种类分化有“皮层”和髓。细胞壁分两层，内层由纤维素组成，外层为果胶质组成，含琼胶、海萝胶等红藻所特有的果胶化合物。色素体有1枚，呈星芒状、带状、扭带状或双凸状等。除了含叶绿素a和叶绿素b、胡萝卜素和叶黄素外，还含有藻红素和藻蓝素。一般以藻红素占优势，故藻体呈红色或紫红色。贮藏养分为红藻淀粉或红藻糖。

红 藻

红藻门的植物体多数是多细胞的，少数是单细胞的。藻体一般较小，高10厘米左右，少数可超过1米。藻体有简单的丝状体，也有形成假薄壁组织的叶状体或枝状体。假薄壁组织的种类中，有单轴和多轴的两种类型，单轴型的藻体中央有1条轴丝，向各个方面分枝，侧枝互相密贴，形成“皮层”；多轴型的藻体中央有多条中轴丝组成髓，由髓向各方面发出侧枝，密贴成“皮层”。红藻的生长，多数是由1个半球形顶端细胞分裂的结果，少数为居间生长，很少见的是弥散式生长，如紫菜藻体，任何部位的细胞都可分裂生长。

红藻的细胞壁分两层，内层为纤维素质的，外层是果胶质的，在热水中果胶可溶解成琼脂糖溶液，稀酸中可分解成半乳糖。细胞内的原生质具有高度的黏滞性，并且牢固地黏附在细胞壁上，对强质壁分离剂是敏感的。多数红藻的细胞只有1个核，少数红藻幼时单核，老时多核。中央有液泡。载色体一至多数，颗粒状。原始类型的载色体1枚，中轴位，星芒状，蛋白核有或无。在电子显微镜下观察，光合作用片层有1个类囊体，类囊体膜上有藻胆体，外有两层载色体膜包围，没有内质网膜。载色体中含有叶绿素a和叶绿素b、β—胡萝卜

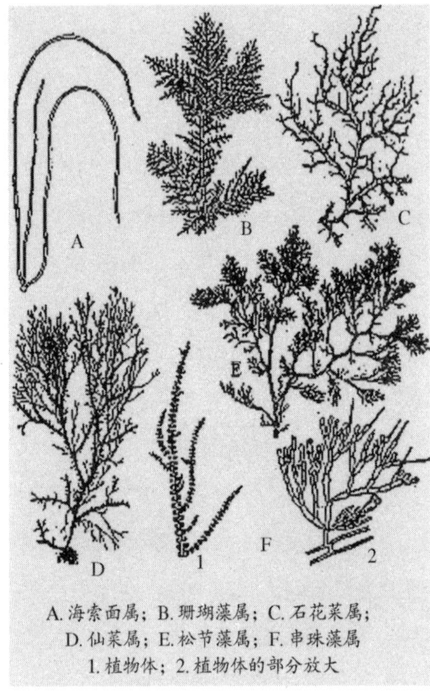

红藻中常见的藻类

素和叶黄素类，此外，还有不溶于脂肪而溶于水的藻红素和藻蓝素。一般是藻红素占优势，故藻体多呈红色。藻红素对同化作用有特殊的意义，因为光线在透过水的时候，长波光线如红、橙、黄光很容易被海水吸收，在几米深处就可被吸收掉。只有短波光线如绿、蓝光才能透入海水深处。藻红素能吸收绿、蓝和黄光，因而红藻可在深水中生活，有的种在深达 100 米处。

红藻细胞中贮藏 1 种非溶性碳水化合物，称红藻淀粉。红藻淀粉是 1 种肝糖类多糖，以小颗粒状存在于细胞质中，而不在载色体中。若用碘化钾处理，会先变成黄褐色，后变成葡萄红色，最后是紫色，绝不像淀粉那样遇碘后变成蓝紫色。

红藻的生活习性与繁殖方式

红藻的生活习性

红藻一般为喜阴植物，生长的深度可达 200 米；在潮间带则多生于岩石的背阴处、石缝或石沼中，也有少数喜生于暴露的风浪大的岩石上。大多数种类固着于岩石上或其他生长基质上，也有附生或寄生在其他藻体上的。

红藻多生长在潮间带的岩石背面

红藻的繁殖方式

红藻生活史中不产生游动孢子，无性生殖是以多种无鞭毛的静孢子进行，有的产生单孢子，如紫菜；有的产生四分孢子，如多管藻。红藻一般为雌雄异株，有性生殖的雄性器官为精子囊，在精子囊内产生无鞭毛的不动精子；雌性器官称为果胞，果胞上有受精丝，果胞中只含一个卵。果胞受精后，立即进行减数分裂，产生果孢子，发育成配子体植物；有些红藻果胞受精后，不经过减数分裂，发育成果孢子体，果孢子体是二倍的，不能独立生活，寄生在配子体上。果孢子体产生果孢子时，有的经过减数分裂，形成单倍的果孢子，萌发成配子体；有的不经过减数分裂，形成二倍体的果孢子，发育成二倍体的四分孢子体，再经过减数分裂，产生四分孢子，发育成配子体。红藻门植物的生活史中，有的无世代交替现象，如紫菜；有的则有明显的世代交替，如海索面。

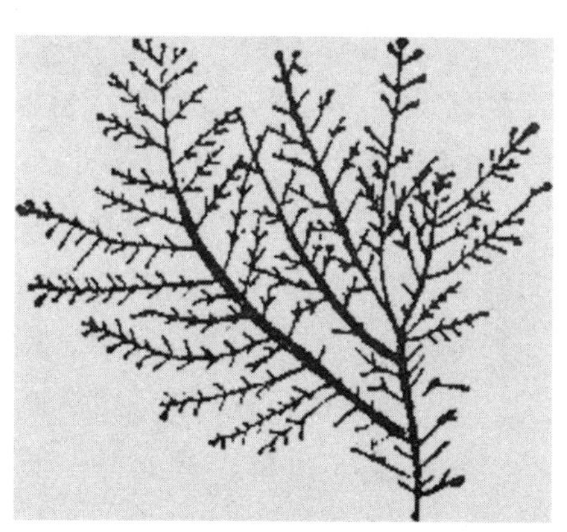

石花菜

紫　菜

红藻的生殖分为无性和有性两种。红藻不同于其他藻类（除蓝藻类外），缺乏具鞭毛的生殖细胞。

无性生殖是由藻体产生单孢子或四分孢子，它们是无性的单倍体，直接萌发为新个体。四分孢子囊的分裂方式分别为十字形、层形或四面锥形。此外，少数种类还产生双孢子、多孢子或副孢子，它们是四分孢子的同种异形物。有些红藻还可以利用营养细胞直接分裂或藻体本身断裂后再生，但是很少。

红藻门的有性生殖均为卵式生殖。红藻的雄性生殖器官是精子囊，每个囊中有一个精子；雌性生殖器官称为果胞，是一个烧瓶状的单细胞，内有一个卵，其上端延伸为丝状突出体，称为受精丝；精子释放后，能被动地随水流动，到达受精丝并贴附其上，受精过程系精子附着处壁融化，精子核进入受精丝，到达果胞内与卵核结合为合子。

受精后的合子直接分裂或间接通过辅助细胞形成产孢丝，由产孢丝再形成果孢子囊，许多果孢子囊集生成为果孢子体，一般称囊果。囊果具果被，由雌配子体分裂而成的果被包围；有的不具果被，前者常具有1～2个囊孔。

红藻的绝大多数种类，都有三个世代的藻体进行世代交替，即孢子体世代、配子体世代和果孢子体世代。配子体产生单倍的精子和卵子，二者结合为合子，形成双倍的果孢子体，寄生于雌配子体上，产生双倍的果孢子；果孢子萌发成为孢子体，孢子体在四分孢子形成时进行减数分裂，四分孢子萌发成雌、雄配子体，雌雄同体或异体。

红藻的代表植物

紫菜属

紫菜含有高达29%～35%的蛋白质以及碘、多种维生素和无机盐类，味鲜美，除食用外还可用以治疗甲状腺肿大和降低胆固醇，是一种重要的经济海藻。广泛分布于世界各地，但以温带为主。现已发现约70余种。自然生长的紫菜数量有限，产量主要来自人工养殖。坛紫菜、条斑紫菜和甘紫菜是主要的养殖种类。

连云港紫菜养殖区

紫菜属海产红藻。叶状体由包埋于薄层胶质中的一层细胞组成，深褐、红色或紫色。有性生殖结构在叶状体边缘。南北半球均有分布，生长于潮间带的高潮线，在富氮的水中（如污水排水管的出口附近）生长最好。收获干燥后可做食品，消费量超过其他海藻。东方国家人工养殖作为一种重要的食物。可做汤的主料、其他食物及肉类的佐料。在不列颠群岛，紫菜置于面包上烤食，味如牡蛎。

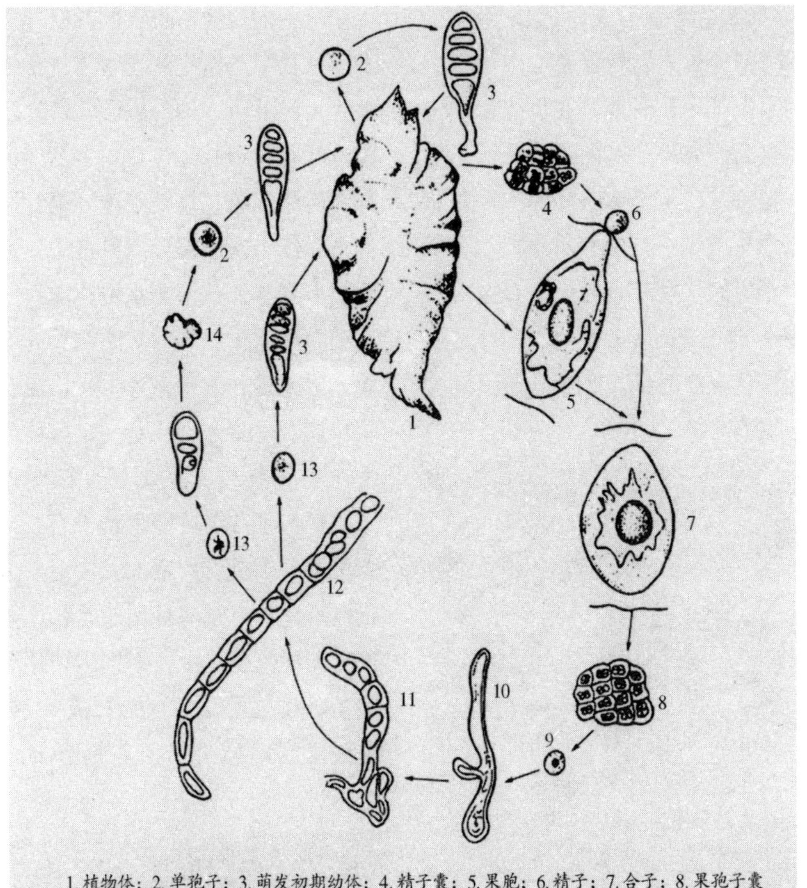

1. 植物体；2. 单孢子；3. 萌发初期幼体；4. 精子囊；5. 果胞；6. 精子；7. 合子；8. 果孢子囊
9. 果孢子；10. 幼体；11. 丝状体的孢子囊；12. 壳孢子形成；13. 壳孢子；14. 小紫菜

紫菜属植物生活史

早在 1400 多年前，中国北魏《齐民要术》中就已提到“吴都海边诸山，悉生紫菜”，以及紫菜的食用方法等。唐代孟诜《食疗本草》则有紫菜“生南海中，正青色，附石，取而干之则紫色”的记载。至北宋年间紫菜已成为进贡的珍贵食品。明代李时珍在《本草纲目》一书中不但描述了紫菜的形态和采集方法，还指出紫菜主治“热气烦塞咽喉”，“凡瘿结积块之疾，宜常食紫菜”。可见紫菜在我国养殖历史很悠久。日本渔民可能在 17 世纪上半叶已用竹枝和树枝采集自然苗，并进而用竹帘和天然纤维水平网帘进行养殖。长期以来，紫菜苗只能依赖天然生长，来源有限，故

养殖活动的规模不大。1949 年英国 K. M. 德鲁首先发现紫菜一生中很重要的果孢子生长时期是在贝壳中度过的，这为研究天然苗的来源开辟了道路。接着，日本黑木宗尚和中国曾呈奎分别于 1953 年和 1955 年揭示了紫菜生活史的全过程，为人工育苗打下了理论基础。此后，紫菜养殖才进入全人工化生产时期，产量开始得到大幅度提高。

紫菜外形简单，由盘状固着器、柄和叶片 3 部分组成

紫菜外形简单，由盘状固着器、柄和叶片 3 部分组成。叶片是由 1 层细胞（少数种类由 2 层或 3 层）构成的单一或具分叉的膜状体，其体长因种类不同而异，自数厘米至数米不等。含有叶绿素和胡萝卜素、叶黄素、藻红蛋白、藻蓝蛋白等色素，因其含量比例的差异，致使不同种类的紫菜呈现紫红、蓝绿、棕红、棕绿等颜色，但以紫色居多，紫菜因此而得名。

紫菜的一生由较大的叶状体（配子体世代）和微小的丝状体（孢子体世代）两个形态截然不同的阶段组成。叶状体行有性生殖，由营养细胞分别转化成雌、雄性细胞，雌性细胞受精后经多次分裂形成果孢子，成熟后脱离藻体释放于海水中，随海水的流动而附着于具有石灰质的贝壳等基质上，萌发并钻入壳内生长，成长为丝状体。丝状体生长到一定程度便产生壳孢子囊枝，进而分裂形成壳孢子。壳孢子放出后即附着于岩石或人工设置的木桩、网帘上直接萌发成叶状体。此外，某些种类的叶状体还可进行无性繁殖，由营养细胞转化为单孢子，放散附着后直接长成叶状体。单孢子在养殖生产上亦是重要苗源之一。

紫菜叶状体多生长在潮间带

紫菜叶状体多生长在潮间带，喜风浪大、潮流通畅、营养盐丰富的海区。耐干性强；适宜光照强度为

5000～6000 勒克斯，具有光饱和点高、光补偿点低的特点，属高产作物。对低温的适应力随藻体水分含量不同而变化，在快速干燥至含水20%时，经－20℃左右的低温冷藏数月到 1 年，放回海水中仍能恢复活力。对海水比重的适应范围广，但以1.020～1.025 为宜。丝状体耐干性差，要求低光照，故自然分布于低潮线以下。在气温开始下降、有海水流动的条件下，壳孢子形成后往往在每天上午9～11时大量放散，呈明显的日周期性。

多管藻属

多管藻属属于真红藻亚纲仙菜目，为海水中最普通的藻。植物体为多列细胞分枝的丝状体，丝状体的中央有 1 列细胞，称为中轴管，其外围有自中轴管产生的边缘细胞，称围轴管。有些种的丝状体分化有直立丝状体和匍匐丝状体，基部以单细胞假根固着于海边岩石上，高约 3～20 厘米。多管藻属的植物体有单倍体的雌、雄配子体，双倍体的果孢子体及四分孢子体。配子体和四分孢子体在外形上完全相同，是典型的同形世代交替。精子囊生在雄配子体上部的生育枝上，果胞生在雌配子体上部生育性的毛丝状体上。产生果胞时，毛丝状体的中轴细胞旁生 1 个特殊的围轴

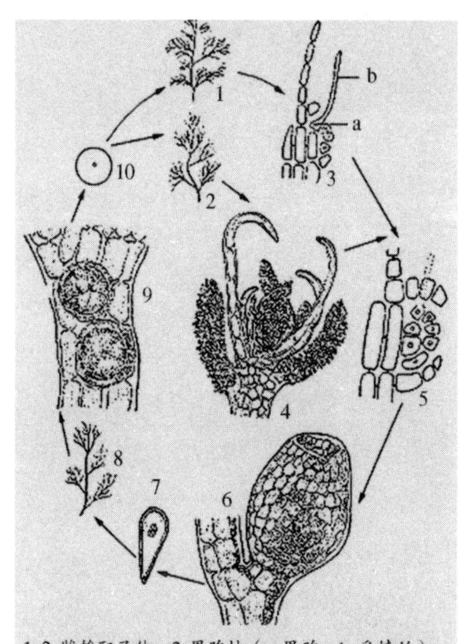

1~2.雌雄配子体；3.果胞枝（a.果胞；b.受精丝）；4.精子囊穗；5.受精后受精丝萎缩；6.果孢子体；（囊果）；7.果孢子；8.四分孢子体；9.四分孢子；10.四分孢子

多管藻的生活史

细胞（又称支持细胞），由此细胞生出 4 个细胞的果孢丝体。果孢丝体的顶端细胞是具有受精丝的果胞，果胞核分裂为 2，下核为果胞核，上核为受精丝核，后来此核退化。精子由受精丝进入果胞与卵结合。同时支持细胞又生出几个细胞，叫做辅助细胞。果胞通过它下面的辅助细胞与支持细胞相连。合子核分裂为 2，进入支持细胞，并在此细胞中继续分裂，其余核退化。此时支持细胞发生很多产孢丝，支持细胞中的核移至产孢丝中。产孢丝末端形成果孢子囊，每个囊内有 2 个核，同时支持细胞与四周的细

胞融合成孢子囊团块，总称为囊果（即果孢子体），果孢子萌发后，形成二倍体的四分孢子体。四分孢子体上形成四分孢子囊，经减数分裂，形成4个单倍的孢子，叫四分孢子，四分孢子萌发形成雌雄配子体。

角叉菜

角叉菜属红藻门，杉藻科，角叉菜属，自然分布于大西洋沿岸和我国东南沿海以及青岛、大连等海域，是中国一种重要的经济海藻。角叉菜不仅是卡拉胶生产的重要原藻，而且近年来越来越多地应用于医药领域，引起人们的广泛关注。

角叉菜藻体红紫色，软骨质，强韧

1987～1992年在辽东半岛通过调查研究，确定广为分布的角叉菜属的种类仅角叉菜一种。该种藻体的形态及大小变异极大，种下可划分为4种不同的变型。其中，角叉菜原变型在我国尚属首次发现。

角叉菜藻体红紫色，软骨质，强

角叉菜是一种经济海藻

韧。丛生，高5～12厘米，基部显圆柱形，逐渐向上则扁压成楔形，上部叉状分枝2～7次，腋角宽圆，扇形，扁平，顶端舌状或二裂浅凹，钝形，边全缘略厚，或有简单分叉、楔形、舌状、短或长的小育枝。髓部由许多纵走与表皮平行排列的长形藻丝组成。四分孢子囊散布于分枝上部的两面，呈不规则的圆点状。成熟的囊果椭圆形，于藻体的一面突出，另一面凹陷。固着器为壳状。

石花菜

石花菜又名海冻菜、红丝、凤尾等，是红藻的一种。它通体透明，犹如胶冻，口感爽利脆嫩，既可拌凉菜，又能制成凉粉。石花菜还是提炼琼脂的主要原料。琼脂又叫洋菜、洋粉、石花胶，是一种重要的植物胶，属于纤维类的食物，可溶于热水中。琼脂可用来制作冷食、果冻或微生物的培养基。

石花菜

石花菜的繁殖主要有有性生殖和无性繁殖两种形式，有性生殖是通过雌雄配子进行的；无性繁殖则是通过四分孢子体产生四分孢子进行的。这两种繁殖形式最终都是以孢子进行的，故称为孢子繁殖。此外，石花菜还具有特殊的营养繁殖能力，这主要可以分为匍匐枝繁殖、假根繁殖和藻体再生等三种形式。

石花菜的生活史中，除孢子体世代和配子体世代外，还有果孢子体世代。但果孢子体不能单独存在，仅能在雌孢子体上形成并生长、发育。在非繁殖季节，雌雄配子体的四分孢子体三者之间是不易区别的。我们通常见到的石花菜中这三种藻体都有，只有到了繁殖季节，藻体上产生生殖器官后，才能将它们区别开来。

粗枝软骨藻

粗枝软骨藻生长在低潮线附近岩石上。产于海礁、嵊山、普陀山、中街山、渔山、洞头和南麂。我国沿海均有分布。

颜色暗绿至红褐色，软骨质，多肉，高 8～15 厘米，宽 2～4 毫米。主枝扁圆柱形，不规则地向各方分枝，基部收缩，顶端有球芽，脱落后能发育成新个体，囊果生在分枝上。

江　蓠

植物体为红色、暗紫绿色或暗褐红色，软骨质或肥厚多汁，易折断。高 5～45 厘米，有的可达 1 米。基部有盘状的固着器。直立丛生，肉质，圆柱形，主干明显，分枝 1～2 次，互生或偏一侧，囊果球形，突出于体表。分枝互生、偏生或不规则，植物体单轴型。顶端有一顶细胞，由它横分裂为次生细胞，再继续分裂成为髓部及皮层细胞。

江　蓠

江蓠喜生长在有淡水流入和水质肥沃的湾中，尤其在风浪较平静、水流畅通、地势平坦、水质较清的港湾中，生长较旺盛，在我国青岛有分布。可供食用和制胶。

海 萝

海萝是红藻门的一属。植物体直立，具不十分规则的叉状分枝，圆柱状或扁压，内部组织疏松或中空；四分孢子囊散生在皮层中，十字形分裂；囊果球形或半球形，突出于体表面，密集遍布在藻体上。该属有7种，全系海产，分布于北太平洋岸温带海域或略向南北延伸。中国产两种：海萝，紫红色，高4～10厘米，最高可达15厘米，生于高、中潮带的岩石上，产于沿海各地；鹿角海萝外部形态与海萝相似，但枝端较尖细，末枝常弯曲像鹿角，生于中、低潮带的岩石上，产于东海和广东省大陆沿岸。海萝和鹿角海萝因体内含胶甚多，故耐干力很强，常丛生成群，可作为食品，也可药用；海萝胶还可用于印染工业。

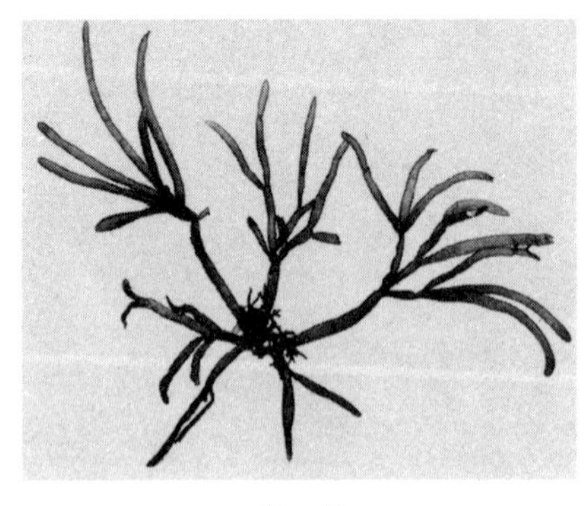

海 萝

麒麟菜

麒麟菜或称麒麟藻，俗称珊瑚草，海藻类，底栖藻红藻，颜色鲜艳，有绿色、褐色、米色、紫色和红色等。红藻类约有2500多种，现在我们通称珊瑚草者大多为红藻中的角叉菜、麒麟菜等，它们是海中红藻植物门；高20厘米左右，它的外形与珊瑚相当类似，所以一般人就以它的外形来称呼它，角叉菜、麒麟菜等所含的营养成分极高，且具有“先清后补”的效果，因此与日本的厚岸草统称为“珊瑚草”。日本的厚岸草又称为盐草、神草、福草，自古即被当做不老长寿的秘方，周朝时，日本人将盐草当做珍贵贡品献给中国皇帝。它的外形与现今市售的珊瑚草外形相当接近，但厚岸草仅生长于日本的能取湖、莎乐玛湖及北海道厚岸湾的牡蛎岛，且产量极为稀少，早为日本政府列为国家宝贵资源明令限制采集，市面上根本不可能购得；现连日本国内市面上所贩卖的所谓“珊瑚草”，也是由日本国外进口的红藻角叉菜、麒麟菜等，可见红藻角叉菜、麒麟菜等是一种极具价值的食用植物。

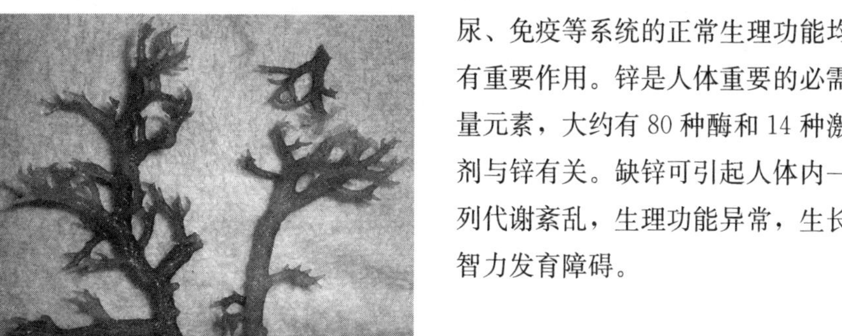

麒麟菜

麒麟菜与人们经常食用的海洋植物海带、裙带菜、紫菜的营养成分相比，其主要成分为多糖、纤维素和矿物质，而蛋白质和脂肪的含量非常低。如果从蛋白质和脂肪含量看，麒麟菜的食用营养价值极低。但如果换个角度看，麒麟菜又是一种不可多得的优质保健食品。因为麒麟菜富含多糖和纤维素，故属于高膳食纤维食物。膳食纤维是人体必需的物质，具有防治胃溃疡、抗凝血、降血脂、促进骨胶原生长等作用，而且食用高膳食纤维食物容易产生饱腹感，对减肥有一定作用。同时，麒麟菜还含有丰富的矿物质，钙和锌的含量尤其高。其钙含量是海带的 5.5 倍，裙带菜的 3.7 倍，紫菜的 9.3 倍；锌含量是海带的 3.5 倍，裙带菜的 6 倍，紫菜的 1.5 倍。钙对维持人体的循环、呼吸、神经、消化、内分泌、骨骼、泌尿、免疫等系统的正常生理功能均具有重要作用。锌是人体重要的必需微量元素，大约有 80 种酶和 14 种激活剂与锌有关。缺锌可引起人体内一系列代谢紊乱，生理功能异常，生长和智力发育障碍。

红藻的生态意义与经济价值

红藻是一门古老的植物，它的化石是在志留纪和泥盆纪的地层中发现的。红藻和蓝藻植物有相同的特征，但是，也有显著的差别，正像在蓝藻门中已叙述过的那样，它们的亲缘关系是不清楚的。绿藻中的溪菜属和红藻门中的紫菜属，两属的细胞都有星芒状载色体，植物体构造和孢子形成方法都比较相似，因而有人主张红藻是沿着绿藻门溪菜属这一条路线进化来的，但它们的色素显著地不同，似

红　藻

乎这条进化路线也是不可能的。还有很多人认为红藻的有性生殖和子囊菌的有性生殖相似，进而设想子囊菌是由红藻发展来的。

红藻门的经济价值很高。在红藻类中，紫菜是一种食用藻类，它含有丰富的蛋白质，不仅营养丰富，而且味道鲜美。此外石花菜、海萝等均可食用。鹧鸪菜和海人草是常用的小儿驱虫药。从石花菜属、江篱属、麒麟菜属植物中提取的琼胶，被应用在医药工业和纺织工业上，并广泛作为培养基。

金　藻

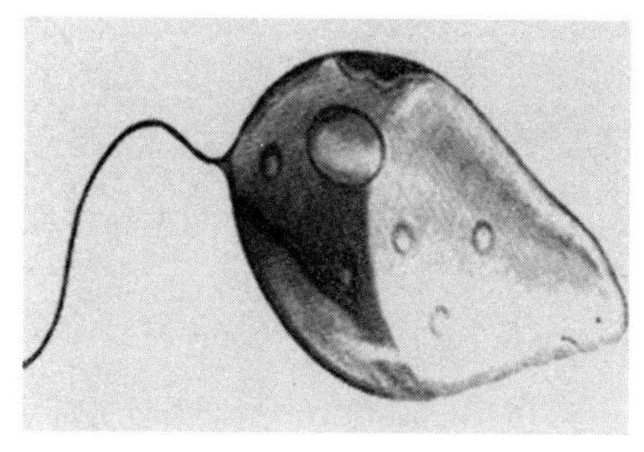

金　藻

金藻的分类与分布

认识金藻

金藻是藻类植物的一门。藻体为单细胞或集成群体，浮游或附着。载色体为金褐色，除含叶绿素外，还含有较多的类胡萝卜素。属单细脑游动的种类，无细胞壁，有细胞壁的种类，其组成物质主要为果胶。多具1或2根顶生的鞭毛（3根的少见），鞭毛等长或不等长。贮藏食物为油类和麦白蛋白。繁殖方法有断裂（群体种类）、分裂、产生游动孢子（无鞭毛的种类）；有性生殖少见，属同配接合。主要分布在温度较低的清澈淡水中。

金藻是A. Pascher（1914）所设的植物分类系统中的一门。是含有大量β一胡萝卜素和黄嘌呤的天然色素而呈黄绿色或金褐色的藻类。贮藏物为由β一葡聚糖的金藻多糖（金藻昆布糖）和油脂，不形成淀粉。细胞壁一般为如衣箱似的两层叠合起来构成的，有的含有硅酸。可按有无鞭毛以及单细胞或群体等来划分。无性繁殖有各种方式：靠细胞分裂（如异变形虫）、游动孢子（如气球藻属）、内生孢子（如棕鞭藻属）、似亲孢子（如绿蛇藻属）、不动孢子（如黄丝藻）、厚壁孢子（如黄丝藻）等，尤其可形成内生孢子是这一门植物的特征。有性生殖也有各种方式：靠有鞭毛（黄丝藻）和无鞭毛（羽纹硅藻）的同形配子的融合、异形配子的融合（气球藻属）、自体受精（在硅藻形成复大孢子）等，本门植物约有 300 属 6000 种。其中 3/4 是淡水产，其余为海产。从前把黄藻纲划为绿藻纲，把金藻纲归入鞭毛藻类，并认为硅藻纲与褐藻类有关系，但从它们的贮藏物质和颜色的相似性、营养细胞或孢子有二层套合的外壳以及形成特殊的内生孢子等方面来看，应归入金藻门。然而因为光合色素、贮藏物质以及生殖细胞的相似，最近又将它们与褐藻类合并总称为杂色植物门，除根绿藻目外，该门植物的各个目在进化阶段上部可以和绿藻类的各个目相比较。

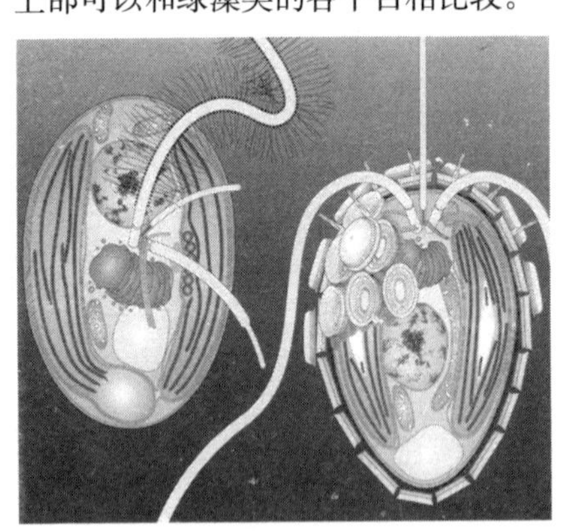

金　藻

金藻的下属分类

金藻门仅 1 纲，约 200 属，有 1000 种左右。根据从单细胞到丝状体的进化阶段分为 5 个目：金胞藻目、根金藻目、金囊藻目、金球藻目、金枝藻目。

金胞藻目又称金鞭藻目、金藻目。本目包括具鞭毛，能运动的单细胞或群体类型的金藻。鞭毛有 1～2 条，罕有 3 条，等长或不等长。细胞裸露，无细胞壁，或周质上有微小的硅质鳞片或钙质沉淀，或原生质体外有坚固的囊壳。多为浮游性种类。

金藻的地理分布

金藻多分布在淡水中，海水中也有分布。金藻在透明度大、温度较低、有机质含量少、pH 值为 4～6 的微酸性水、含钙质较少的软水中生活。一般在较寒冷的冬季、晚秋和早春等季节生长旺盛。

金藻的分类地位

在 21 世纪前，人们将金藻门列入动物界原生动物门。21 世纪初，发现了具有典型植物性细胞壁构造的金球藻类和金枝藻类，其原生质体和生殖细胞的构造与具鞭毛的金藻类相同，从而将它们置于一个纲中，并将它们从动物界移到植物界。

金藻门的起源问题没有解决，由于发现了原绿藻，人们推论金藻可能由原核的，具叶绿素 a 和叶绿素 c 的藻类进化而来。藻类学家们还认为金藻门和黄藻门有密切的亲缘关系，因为两者在鞭毛、细胞壁及色素等方面相似。

金藻的主要特征及形态构造

主要特征

金藻的色素体为金褐色、黄褐色或黄绿色，同化产物为白糖素及脂肪，金藻大多数运动的种类和繁殖细胞具鞭毛 2 条，1 条或 3 条的很少，静孢子的壁硅质化，由 2 片构成，顶端开一小孔。

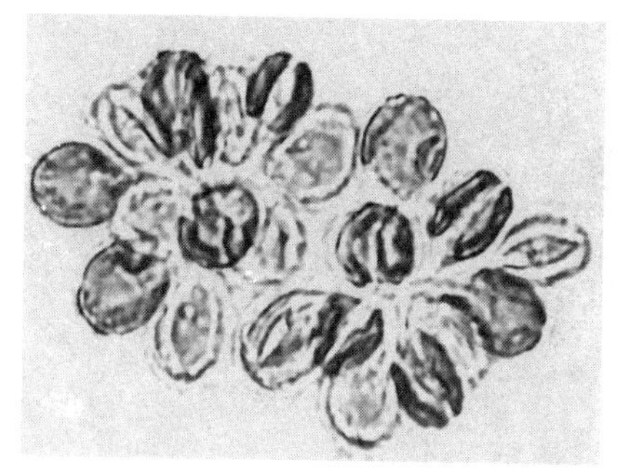

金　藻

1. 多为单细胞或群体，少数为丝状体，多数种类具鞭毛，能运动。鞭毛两条，等长或不等长；一条或三条的很少。

2. 细胞裸露或在表质上具有硅质化鳞片、小刺或囊壳。大多数种类为裸露的运动细胞，在保存液中会失去几乎所有细胞特征。

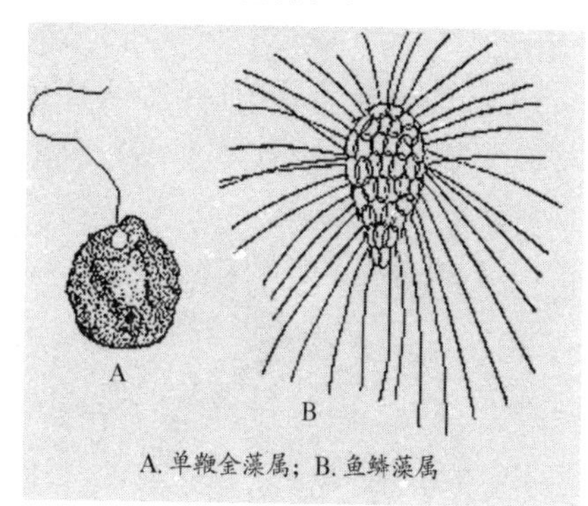

A. 单鞭金藻属；B. 鱼鳞藻属

金藻门常见藻类

3. 色素除叶绿素 a、叶绿素 c、β一胡萝卜素和叶黄素等以外，还有副色素，这些副色素总称为金藻素。金藻的色素体仅 1 个或 2 个，片状，侧生。贮存物质为白糖素和油滴。白糖素呈光亮而不透明的球体，称白糖体，常位于细胞后部。细胞核有 1 个。液胞有 1 个或 2 个，位于鞭毛的基部。

4. 单细胞种类的繁殖，常为细胞纵分成 2 个子细胞群体以群体断裂成 2 个或更多的小片，每个段片长成一个新的群体，或以细胞从群体中脱离而发育成一新群体。不能运动的种类产生动孢子，有的可产生内壁孢子（静孢子），这是金藻特有的生殖细胞，细胞球形或椭圆形，具 2 片硅质的壁，顶端开一小孔，孔口有一明显胶塞。

形态构造

1. 鞭毛

多数金藻为裸露的运动个体，具有 2 条鞭毛，个别具 1 条或 3 条鞭毛。具鞭毛的种类，无隔藻的生活史，鞭毛基部有 1～2 个伸缩泡。

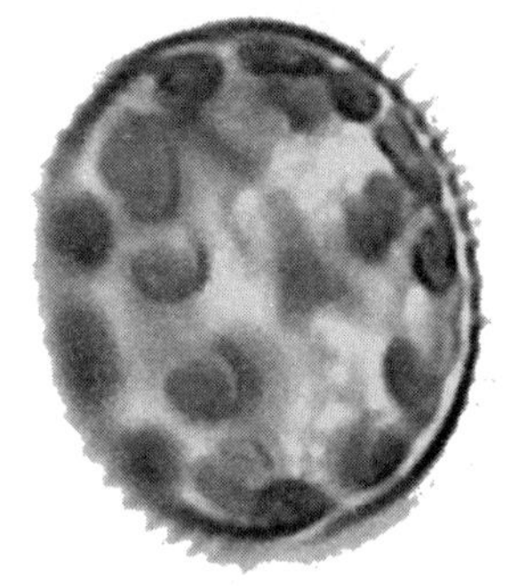

金藻为裸露的运动个体，无细胞壁

2. 无细胞壁

多数金藻为裸露的运动个体，无细胞壁。

有些种类在表质上具有硅质化鳞片，小刺或囊壳。有些种类含有许多硅质、钙质，有的硅质可特化成类似骨骼的构造。

3. 色素及色素体

金藻类的光合色素有叶绿素 a、叶绿素 c 和 β—胡萝卜素。色素体 1～2个，片状、侧生。

4. 副色素

副色素总称为金藻素。由于它的大量存在，使藻体呈金黄色或棕色，当水域中有机物特别丰富时，这些副色素将减少，使藻体呈现绿色。

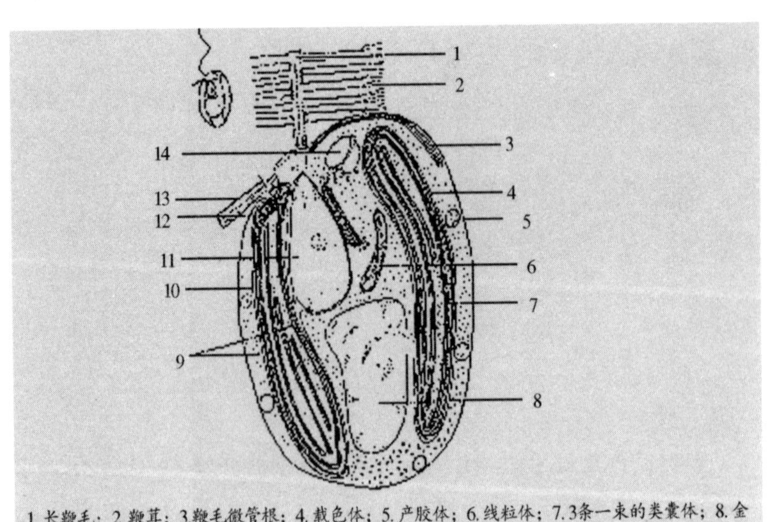

金藻细胞构造模式图

5. 贮存物质

贮存物质为白糖素和脂肪。白糖素又称白糖体，为光亮而不透明的球体，常位于细胞后端。

6. 细胞核

有 1 个细胞核。

金藻的繁殖方式

金藻单细胞运动型的繁殖，常以细胞纵分裂的方式形成 2 个子细胞；群体运动的种类，常以群体断裂成 2 个或 2 个以上的段片，每个段片发育成一个新的群体；有囊壳的种类，原生质体纵裂为 2 个子细胞，其中一个子细胞游出囊壳，固着于基质上，群体类型则附着于母囊壳边缘，子细胞原生质分泌出纤维素质的新壳；不能运动的种类，以游动孢子进行生殖。游动孢子有 1～2 条鞭毛。有的金藻可以产生不动孢子。

形成不动孢子时，细胞停止运动并变圆，在原生质里面先分泌出一层纤维素膜，此膜渐变厚，有二氧化硅堆积而变硬，顶端有一开孔，膜外原生质经孔口移入膜内，孔口由一胶质塞子或二氧化硅化的塞子封闭起来，原生质内积累大量的金藻昆布糖和油。不动孢子可渡过不良环境。有性生殖是同配，仅在少数属中发现。

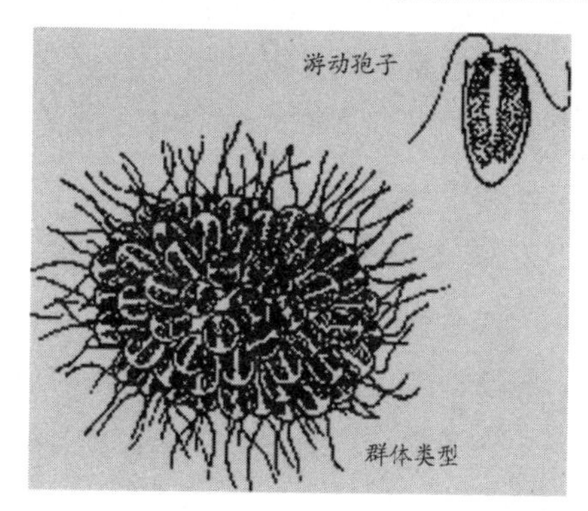

金藻的繁殖

金藻的代表植物

黄群藻属（合尾藻属）

属于金胞藻目。植物体呈球形或椭圆形，是能运动的群体。群体细胞在中央以胶质互相黏附。细胞无壁，有原生质分泌的果胶质膜，膜上镶嵌有硅质小鳞片，小鳞片覆瓦状螺旋排列，鳞片表面有刻纹或硬刺，是种的特征。细胞内有两块载色体，前端有两条不等长鞭毛。细胞分裂时果胶质膜也会分裂。

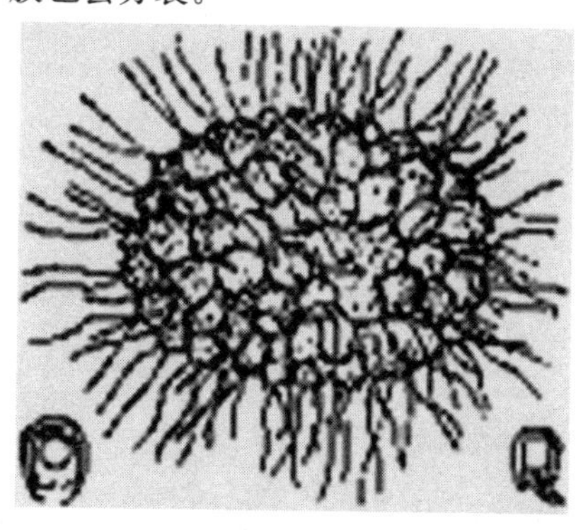

黄群藻属

黄群藻属约有10种。在小池塘和人工贮水池中生活，于晚秋、早春或冬季可大量出现。

锥囊藻属（钟罩藻属）

属金胞藻目。植物体单细胞或联成树状群体。细胞着生于纤维素质的钟形囊壳中。细胞内有2条载色体，眼点明显，顶端有2条不等长鞭毛，群体运动不灵活。通常进行营养繁殖，有性生殖是同配。

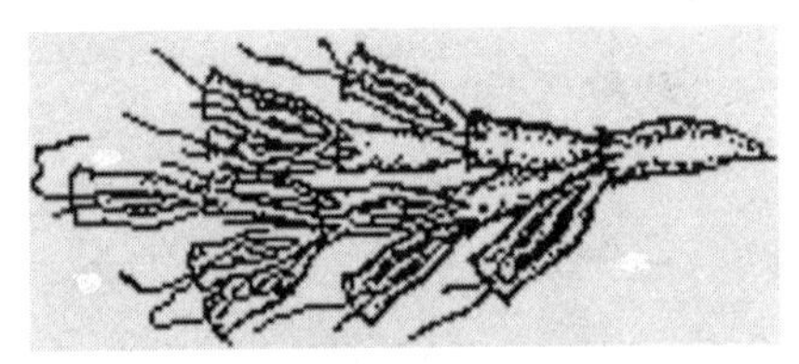

锥囊藻属

锥囊藻属约有17个种。多数浮游生活于贫营养的淡水中，水中有机质多时就消失，有的种也生活在酸性泥炭水体中。已知有2个种属于海产。

金枝藻属

属于金枝藻目。植物体为分枝的丝状体，基部有1个细胞特化成半球形固着器，附生于其他藻体上。细胞内有2块色素体，贮存食物为粒状金藻昆布糖。生殖时在细胞内产生1、2、4、8个游动孢子，游动孢子有2条不等长鞭毛。

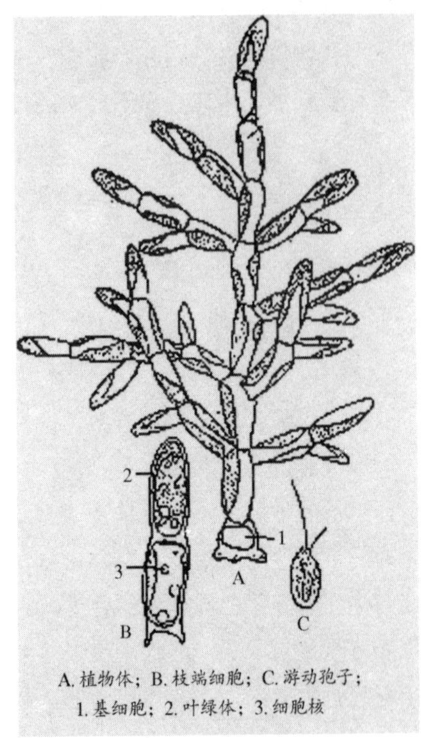

金枝藻属

本属约有3种。在池塘、湖泊和沼泽地等水中，附生于其他藻体上，是罕见淡水藻类。

金藻门中常见的还有单鞭金藻属（金光藻属）和鱼鳞藻属。单鞭金藻属植物体单细胞，1根鞭毛，原生质体裸露，有的种可变形。鱼鳞藻属植物体单细胞，无细胞壁，果胶质膜上有硅质小鳞片，呈覆瓦状螺旋排列，每个鳞片上有1硬刺，1根鞭毛，另有1根退化。

金藻的价值与危害

金藻多分布在淡水水体中，生存于透明度较大、温度较低、有机质含量低的水体。在寒冷季节，如早春和晚秋生长旺盛。在水体中多分布于中、下层。

颗石虫化石

浮游金藻没有细胞壁，个体微小，营养丰富，是水生动物很好的天然饵料，有的海产种类已人工培养，是水产经济动物人工育苗期间的重要饵料。

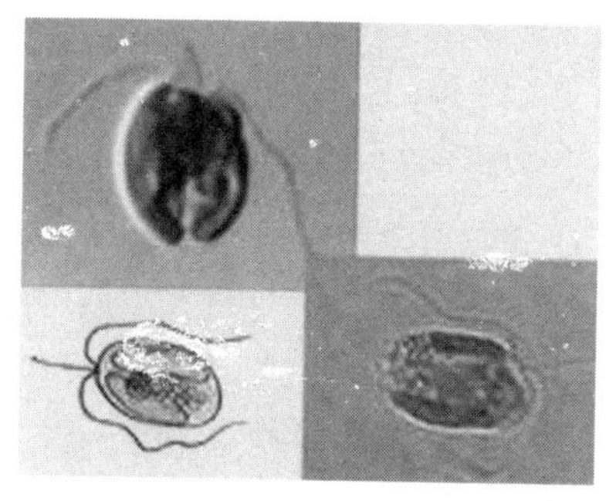

三毛金藻

钙板金藻、硅鞭金藻死亡后，遗骸沉于海底，可形成颗石虫软泥，有的形成化石，可为地质年代的鉴别提供重要依据。

小三毛金藻是一种害藻，能产生鱼毒素，引起鱼类大量死亡，在我国分布广泛，大连、银川、乌梁素海、山西南部的咸水湖中，天津的塘沽及陕西皆有报道。此外，在海洋中也可形成赤潮，给渔业造成危害。

金藻门植物由于色素体内含有的胡萝卜素类和叶黄素类占优势，所以呈黄绿色至金棕色。贮存养分为金藻糖和油。细胞壁通常由 2 个互相套合的半片所组成。壁上经常有硅质沉积。营养细胞具鞭毛或无，单生或连接成定型或不定型群体。有无性生殖和有性生殖。无性生殖在不运动种类中可以用游动孢子或不动孢子进行。

金藻门 3 纲大多数生于淡、海水中，是淡水和海洋动物直接、间接的饵料。古代硅藻大量沉积成为硅藻土，是现代工业重要的原料。可作硫酸工业的催化剂载体、建筑磨光材料、工业用过滤剂、吸附剂、保温材料；也可作造纸、橡胶、化妆品、火漆和涂料等的填充剂。

褐　　藻

褐藻的分类与分布

认识褐藻

褐藻是藻类植物的一门。细胞内含有叶绿素 a、叶绿素 c、胡萝卜素、墨角藻黄素和大量的叶黄素等。藻体的颜色因所含各种色素的比例不同而变化较大，有黄褐色、深褐色。光合作用的产物是海带多糖（又名 Fucoidan/褐藻素/褐藻淀粉）和甘露醇。绝大多数为海产，现存约 250 属，1500 种，淡水产仅 8 种。中国海产的约 80 属，250 种，淡水产 2 种，即层状石皮藻和河生黑顶藻，都是在四川北碚嘉陵江发现的。

褐藻的分类

褐藻门成员是一群较高级的藻类，约 1500 种，分布于大陆沿岸的冷水水体中，淡水种罕见。其颜色取决于褐色素（墨角藻黄素）与绿色素（叶绿素）的比例，从暗褐慢慢呈现为橄榄绿。充气的气囊使叶状体的光合部分浮于或接近水表。褐藻的形状和大小各异，从呈异丝体的附生藻（水云属）到复杂、巨大的长 1～100 米的大型褐藻（海带属、巨藻属及 Nerocystis 属）。岩藻是褐藻的一个类型，浮生（马尾藻属）或附生于岩石海岸（墨角藻属、泡叶藻属）。褐藻行无性和有性生殖；动孢子和配子都有 2 根不等长的鞭毛。褐藻曾是碘和钾碱的主要来源，现仍是褐藻胶（一种凝胶，在食品烘烤和冰淇淋制造中做稳定剂）的重要来源。某些种用做肥料，有几种在东方作为蔬菜（昆布属）。海带目的褐藻俗称为大型褐藻（海带类）。

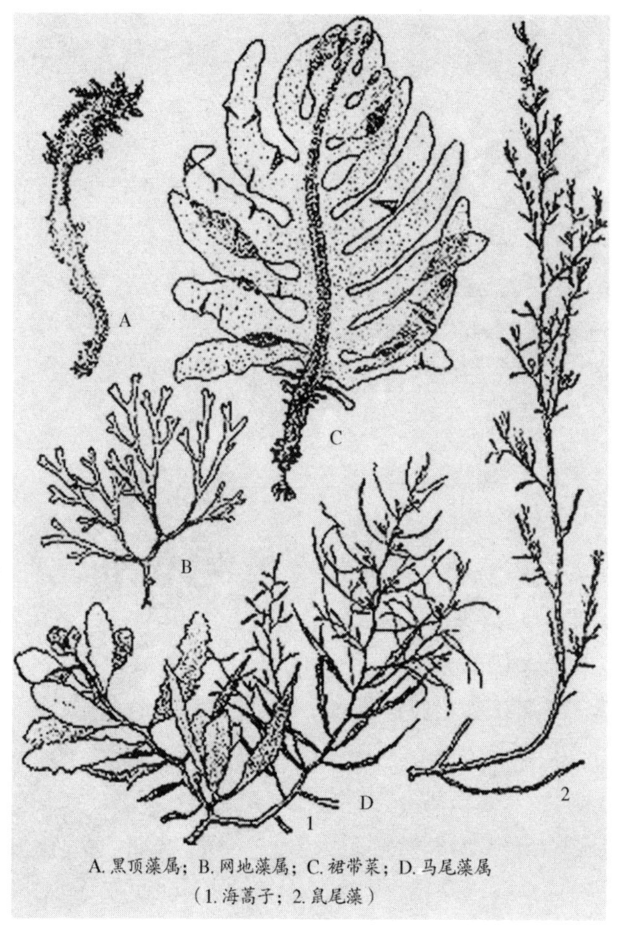

褐藻中常见的藻类

褐藻门约有 250 属，1500 种。除少数属种生活于淡水中外，绝大部分海产，是海底森林的主要成分。根据它们世代交替的有无和类型，一般分为 3 个纲，即等世代纲、不等世代纲和无孢子纲。

过去根据生活史中世代交替的有无和类型的不同，把褐藻分为 3 纲 11 目，生活史中具有同形世代交替的归于同形世代纲，生活史中具有异形世代交替的归于异形世代纲，仅有有性生殖而无世代交替的归于圆孢子纲。但是，仅以生活史作为分类依据是不够全面的，如马鞭藻目的生活史中有等世代型和不等世代型。

鹅掌菜

近年来，各国藻类学家对褐藻的分类单位划分的问题意见并不一致，有的仍然认为是金藻门的一个纲，但大多数藻类学工作者认为它们是独立的一个门，分为褐藻纲1纲，又根据生活史的类型、生长方式、藻体的构造、色素体是否含有蛋白核等特征分为13目：水云目、黑顶藻目、线翼藻目、索藻目、马鞭藻目、毛头藻目、网管藻目、萱藻目、网地藻目、酸藻目、海带目、墨角藻目及德威藻目。除马鞭藻目、线翼藻目和德威藻目外，其他10个目在中国均有。

褐藻的生态分布

褐藻主要分布于寒带和温带海洋，生长在低潮带和潮下带的岩石上，世界各大洋都有，它们种类多，个体大，如长达几十米的巨藻，在美洲太平洋沿岸形成密度很大的巨藻场。

海带广分布于堪察加东南岸、千岛群岛南岸、萨哈林岛、北海道和朝鲜元山以北，在中国主要产于黄海北部。但是也有一些种类如马尾藻，主要产于热带、亚热带海洋，温带海洋也有一些种类生长。

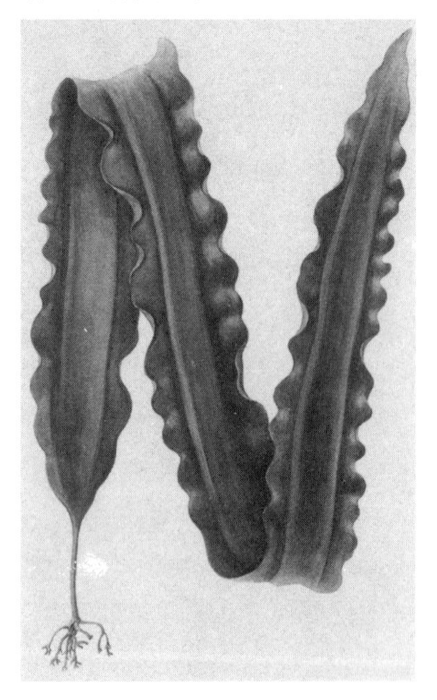

海　带

褐藻的主要特征

褐藻门是藻类植物中较高级的一个类群。褐藻植物体均为多细胞体。简单的是由单列细胞组成的分枝丝状体；进化的种类有类似根、茎、叶的分化，其内部构造有表皮、皮层和髓部组织的分化，甚至有类似筛管的构造。细胞壁分两层，内层由纤维素组成，外层由褐藻胶组成。载色体有一至多数，呈粒状或小盘状，含叶绿素a和叶绿素c、胡萝卜素及数种叶黄素（主要是墨角藻黄素）。由于叶黄素的含量超过别的色素，故藻体呈黄褐色或深褐色。贮藏物质为褐藻淀粉、甘露醇和脂类等。有的种类如海带，细胞内含有大量碘。

褐藻的植物体外形多样，有丝状、叶状或树枝状，大小差别也很大，扭线藻只有几百微米，而巨藻长达几十米，它们都是多细胞，没有单细胞或群体。营养细胞都具有明显的细胞壁，外层为果胶质，内层为纤维素。

褐藻的原生质体通常具有一个细胞核和数个液泡。每个营养细胞都具有一至数个色素体，其形状各异，常见的有星状、盘状、颗粒状和网状。除较原始的种类外多数没有蛋白核。

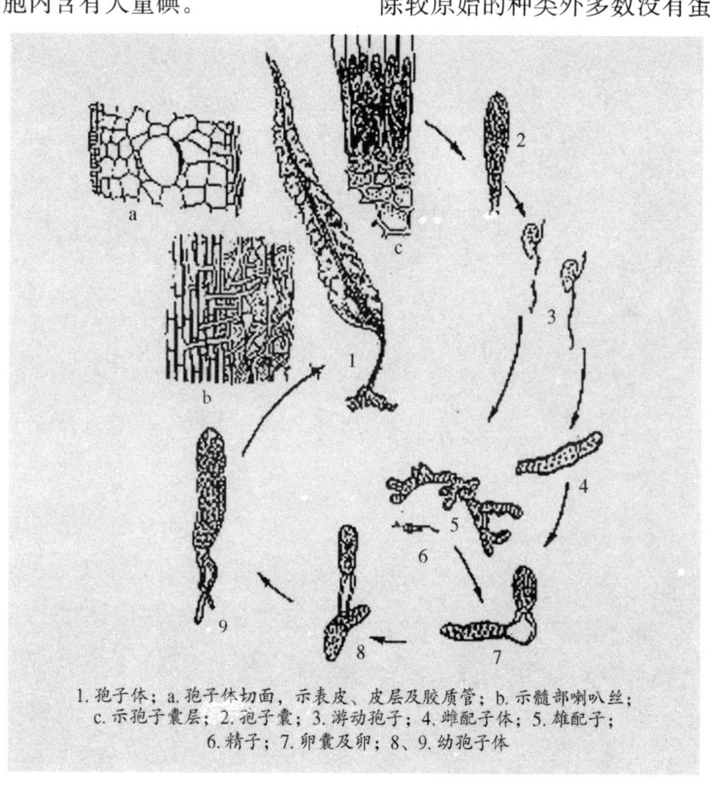

1. 孢子体；a. 孢子体切面，示表皮、皮层及胶质管；b. 示髓部喇叭丝；c. 示孢子囊层；2. 孢子囊；3. 游动孢子；4. 雌配子体；5. 雄配子；6. 精子；7. 卵囊及卵；8、9. 幼孢子体

海带属的形态构造和生活史

褐藻的繁殖方式

褐藻的生活史

褐藻除了墨角藻目的种类外，在整个生活过程中都有双倍体的孢子体世代和单倍体的配子体世代交替生长，世代交替明显，减数分裂都在孢子囊形成孢子时的第一次分裂时进行。它们的世代交替有 2 种类型：

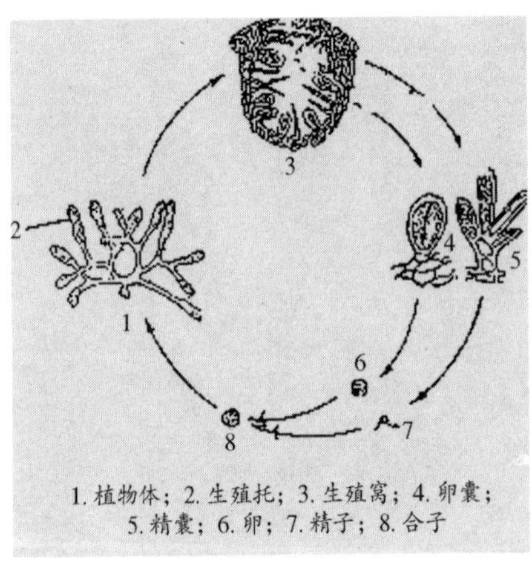

1. 植物体；2. 生殖托；3. 生殖窝；4. 卵囊；5. 精囊；6. 卵；7. 精子；8. 合子

鹿角菜的生活史

①等世代交替，植物体在生活周期中孢子体和配子体形状相同，大小相等没有区别，如水云属，网地藻属等。②不等世代交替，生活周期中配子体和孢子体的形状和大小不等，如海带孢子体长达数米，而配子体是仅几个细胞的丝状体；马鞭藻配子体大而明显，可达 20 厘米，具分枝，孢子体很小，是扁平壳状体。墨角藻目的种类，生活周期中没有世代交替，只有双倍体的孢子体世代；没有单倍体的配子体世代，没有无性繁殖，只有卵配生殖；卵囊和精子囊中形成卵和精子的第一次分裂为减数分裂，如海黍子。

大多数褐藻的生活史中，都有明显的世代交替现象，有同型世代交替和异型世代交替。同型世代交替即孢子体与配子体的形状、大小相似，如水云属。异型世代交替即孢子体和配子体的形状、大小差异很大，多数种类是孢子体较发达，如海带。少数是配子体较发达，如萱藻属。

褐藻的繁殖

褐藻的繁殖方式共有 3 种，即营养繁殖、无性生殖和有性生殖。

营养繁殖

营养繁殖有 2 种：①营养体断裂成几部分，每一部分都可以发育成新的植物体，如马尾藻的某些种类；②营养体某一部分长出具有繁殖功能的小枝，即繁殖枝，小枝脱落后，附着在基质上，长成新的个体，如黑顶藻属的一些种类。

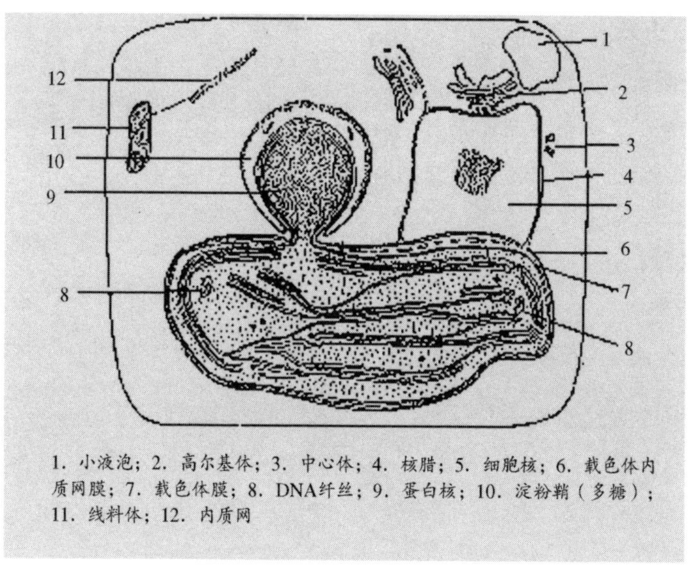

褐藻细胞构造模式图

无性生殖

是由植物体产生单细胞或多细胞的孢子囊，俗称单室孢子囊或多室孢子囊，单室孢子囊发生之初为单核，细胞膨大后，细胞核分裂成 4、8、16、32、64 或 128 个小核，然后细胞质分割成单核的原生质体，原生质体之间并没有细胞壁将其相互分开，经过变态，形成梨形，具有 2 根侧生鞭毛的裸露的游动孢子或没有鞭毛的不动孢子。通过单室孢子囊顶端的小孔，动孢子被释放出来；由于第一次核分裂，因此，萌发成单倍体的配子体。多室孢子囊是由多细胞组成的，每个细胞形成数个游动孢子，但是，不经过减数分裂，因此，它们萌发成为双倍体的孢子体。还有一些褐藻如网地藻以不动孢子进行无性生殖。这种孢子没有细胞壁，没有鞭毛，不能自由游动。每 1 个孢子囊通常只产生 4 个单倍体的孢子，萌发后产生配子体。

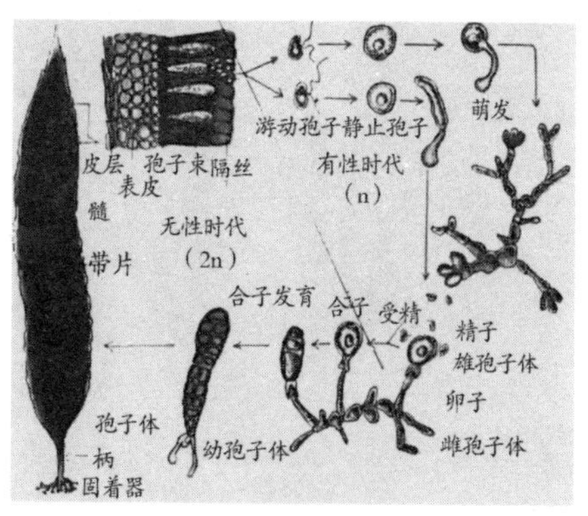

褐藻门

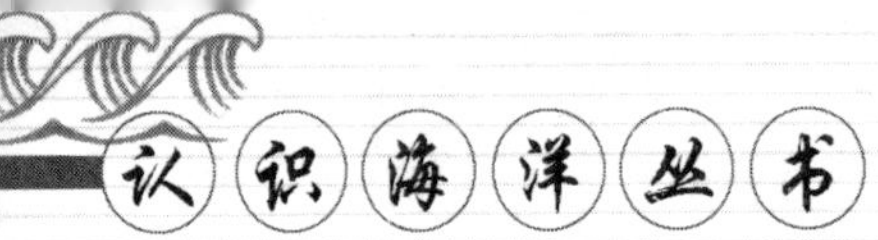

有性生殖

是从配子体上产生配子囊，配子囊是多细胞的，在配子囊中再产生具有2条侧生鞭毛的配子。配子生殖有3种不同类型：同配、异配和卵配。同配的雌雄配子一般区分不出来，2个配子结合成合子，萌发成孢子体。水云目、黑顶藻目等大多数种类都是同配生殖。异配生殖雄配子较小，通常只有1个色素体，雌配子较大，有几个色素体，大小配子结合成合子，合子萌发成孢子体。卵配生殖是由1个小形而具有2条侧生鞭毛的、能自由游动的精子和1个大型的、没有鞭毛、不能自由游动的卵结合，如酸藻目、网地藻目、海带目和墨角藻目等。

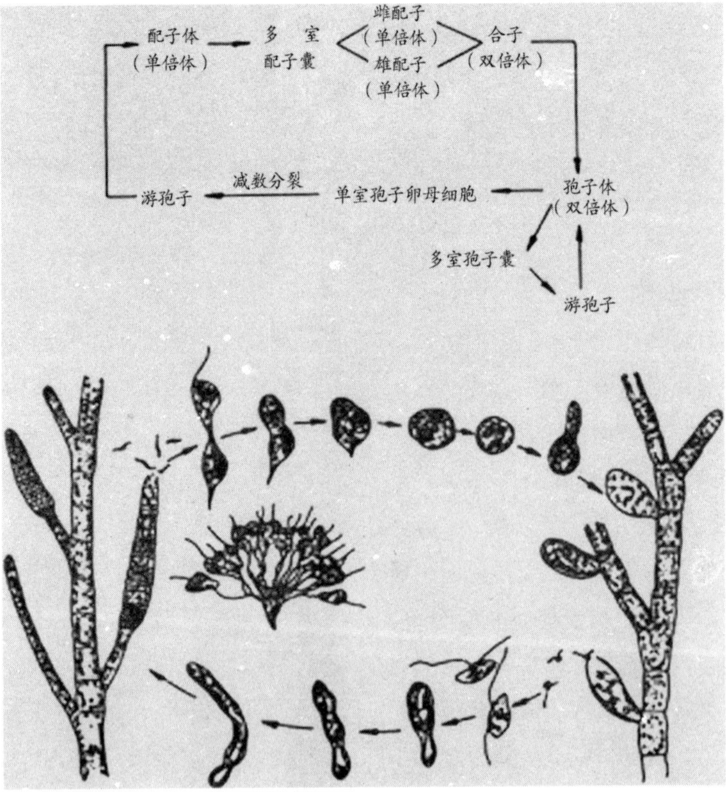

配子体（单倍体）
多室配子囊
雌配子（单倍体）
雄配子（单倍体）
合子（双倍体）
孢子体（双倍体）
单室孢子卵母细胞
减数分裂
游孢子
多室孢子囊
游孢子

水云生活史

褐藻的代表植物

水云属

水云属属于等世代纲水云目。藻体由单列细胞组成的丝状体，植物体分上下两部分，下部匍匐部，细胞单列，不规则的假根状附生在其他物体上。直立部丝状，具有繁茂的分枝。细胞单核，有少数带状或多数盘形的载色体。水云属的配子体与孢子体的形态构造相同，为明显的同形世代交替植物。水云的无性生殖器有单室孢子囊和多室孢子囊两种，都发生于侧生小枝的顶端细胞上。有性生殖时，多室配子囊在配子体的侧生小枝的顶端细胞上形成。来自不同藻体的两个配子的大小基本相同，互相结合成合子，合子立即萌发，形成二倍体孢子体植物，与配子体植物在形态结构上相似。

鹿角菜属

鹿角菜属属于无孢子纲，有 2 种。本属的鹿角菜属温带性海藻，可食用，为中国黄海的特有种。多固着于浪花冲击的岩石上，藻体褐色，软骨质，高 6～15 厘米。基部为固着器，是圆锥状的盘状体，中间为扁圆柱状短柄，上部为二叉状分枝，可重复分枝 2～8 次，下部分枝比较规则。生长在水浪冲击的岩石上的藻体分枝较少，而生活在较平静的水中时，分枝较多。短柄及上部的分枝分化有表皮、皮层和中央髓。皮层和中央髓都有类似筛管的构造。枝上无气囊。

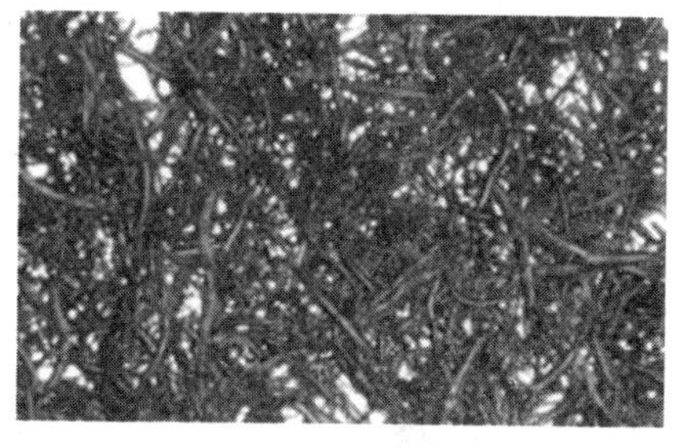

鹿角菜

鹿角菜的植物体是二倍体，生殖时在枝顶端形成生殖托，生殖托有柄呈长角果状，较普通营养枝粗，生殖托的表面有明显的结疖状突起，突起处有一开口的腔，叫生殖窝。雌、雄同容，即在 1 个生殖窝内产生精囊与卵囊两种雌雄生殖器官。精囊长在窝内生出的分枝上，每个分枝上有 2～3 个精囊，旁有隔丝。精囊是单细胞的，核的第一次分裂是减数分裂，以后都是有丝分裂，形成多数精子。精子有鞭毛 2 条，向后伸的 1 条比向前伸的 1 条长。卵囊也是单细胞的，经过减数分裂，最后发育成 2 个卵。成熟的精子和卵结合后发育成二倍体的植物。

褐藻中常见的藻类在等世代纲中

有黑顶藻属和网地藻属，在不等世代纲中有裙带菜，在无孢子纲中有马尾藻属。

海带属

海带属属于不等世代纲海带目。孢子体大，长达1～4米，分固着器、柄和带片三部分。固着器呈分枝的根状，把个体固定于岩石等基物上；柄粗短呈叶柄状；带片扁平，无中脉，是人们食用的部分。柄和带片组织均分化为表皮、皮层和髓3个部分。髓部中央有筛管状的喇叭丝，具有输导有机养料的功能。孢子体成熟时，在带片的两面丛生许多棒状的游动孢子囊，囊内的孢子母细胞经减数分裂及多次普通分裂产生很多单倍的侧生双鞭毛的游动孢子。游动孢子萌发后，分别形成体型很小的雌、雄配子体。雄配子体产生具精子的精子囊；雌配子体产生具卵细胞的卵囊。卵成熟后

海　带

逸出，在母体外与精子结合，合子即萌发成幼小孢子体（新的海带）。这样的生活史称异型世代交替。海带是经济褐藻，原分布于俄罗斯远东地区、日本和朝鲜北部，现不仅在我国渤海湾地区，在浙江舟山地区和江苏、福建、广东等省沿海也有大量栽培。

绳藻属

绳藻属是褐藻门、褐藻纲、海带目、绳藻科的1属。

绳藻属全是海产。有2种，主要分布于俄罗斯、日本、朝鲜、北美太平洋岸和北大西洋东西两岸等地。中国只有绳藻1种，主要产于黄、渤海沿岸。

绳藻属植物在生活史中有孢子体和配子体2个世代，孢子体褐色，长绳状，黏滑，单条，不分枝，有时扭曲呈螺旋状，下部中实，上部中空，但有横隔膜把中空的部分分隔成许多体腔，基部具有盘状固着器附着在基质上。体壁为纵向延长的细胞紧密结合而成，内侧有疏松的丝状细胞相互结合形成横的隔壁。居间生长，分生组织位于藻体基部即固着器的上部，具有明显的世代交替，孢子体大，有数米长，只产生单室孢子囊。配子体小，为具分枝的丝状体，肉眼见不到。

a. 成熟藻体的横切面；b. 高倍镜下的单室孢子囊与隔丝

绳　藻

绳藻属的藻体呈绳状，有 1～3 米长，直径有 2～3 毫米，下部和上部逐渐变细。单室孢子囊椭圆形，生在隔丝之间，隔丝棍棒状，顶端膨大，比单室孢子囊稍长，毛无色或淡黄色。藻体成熟时，单室孢子囊、隔丝和毛分散在藻体表面。绳藻主要生长在风浪较小的低潮带石沼中和潮下带2～3米岩石上，可食用。

翅藻科

翅藻科是藻类植物，属褐藻门。

褐藻的共同特点：藻体为黄褐色，多细胞体。含大量墨角藻黄素。贮藏物质为褐藻淀粉和甘露醇。多海生。

本科特点：藻体无类似茎、叶的分化，生活史中有配子体和孢子体 2 个世代，配子体与孢子体异形，孢子体大，配子体小。孢子体由薄壁组织构成；居间生长或顶端生长。孢子体大型，但短于海带科；分化为固着器、柄和带片 3 个部分，带片常羽状裂，孢子囊群生于柄部两侧耳状的孢子叶上。配子体微小丝状。雌雄异株；卵式生殖。

代表种类是裙带菜属：藻体褐色，叶状，中肋隆起，两侧羽状分裂。柄部扁圆形，成熟时两侧生有耳状重叠褶皱的孢子叶。以假根固着于低潮带以下岩石上。

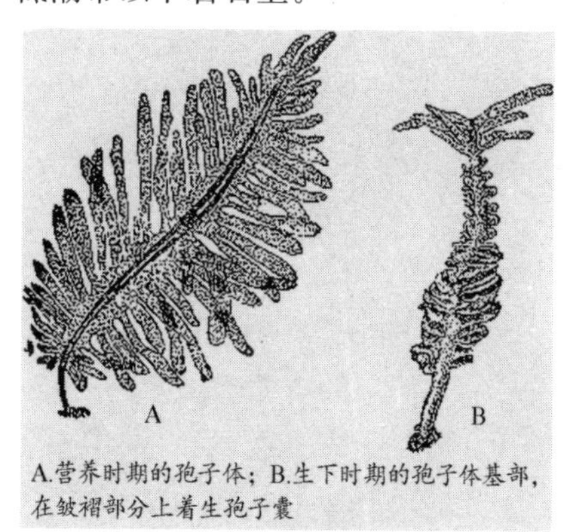

A.营养时期的孢子体；B.生下时期的孢子体基部，在皱褶部分上着生孢子囊

裙带菜结构示意图

裙带菜属

裙带菜属为海带目的 1 属。孢子体黄褐色，幼期卵形或长叶形，单

条，在生长过程中不断羽状分裂成数个裂片，有隆起的中肋，有毛窠，无黏液腔，但有点状黏液细胞。藻体由假根状固着器、柄部和叶片 3 部分组成。成熟的藻体在柄部两侧延伸出折叠状的孢子叶，肉厚且富黏质，其上密生孢子囊、隔丝和孢子囊间隔，和海带一样，叶片有表皮、皮层和髓部 3 种组织。居间生长，生长区位于叶片和柄部相接处。配子体小，具有分枝的丝状体。

裙带菜

本属有 3 种，全是海产。主要分布于日本和朝鲜，中国只有裙带菜 1 种。主要产于浙江省嵊泗列岛和黄渤海沿岸。

裙带菜藻体两侧羽状分裂呈掌状，宽 50～80 厘米，高约 1 米，主要生长在风浪较大、潮下带 1～4 米深的岩石上，低潮带石沼中也有生长，可供食用。

黑顶藻属

黑顶藻属是褐藻门黑顶藻目黑顶藻科的 1 属。藻体呈丝状，为黑褐色，直立，簇生，借助于基部的假根状丝体或盘状固着器附生在潮间带大型海藻上。直立丝体具有分枝，圆柱形，分枝和主枝顶端都具有黑褐色、原生质体明显加厚的顶细胞。藻丝的顶端部位由单列细胞组成，丝体下部由多列细胞组成。每个营养细胞含有几个盘状色素体，无淀粉核。多数藻丝上部具有侧生的毛。营养繁殖很普遍，由藻体产生不同形状的繁殖枝脱离母体，形成新植物体。无性生殖是由孢子体产生单室孢子囊；有性生殖由配子体产生多室配子囊。

三叉黑顶藻

本属有 25 种，中国有 9 种。除了河生黑顶藻生长在淡水外，其余 8

种均为海产。主要附生在低潮带大型海藻的藻体上，尤其是马尾藻上更普遍。中国沿海都有生长。常见的有：①黑顶藻，主要产于黄、渤海和东海。藻体较小，有2～3毫米高，营养繁殖的繁殖枝二叉或三叉状。②三角黑顶藻，主要产于福建、台湾和广东沿海，它的繁殖枝为三角形。

羊栖菜

羊栖菜藻体为黄褐色，肥厚多汁，高15～40厘米，可达2米以上。叶状体的变异很大，形状各种各样。生长在低潮带岩石上，多分布于我国沿海。

羊栖菜每百克含水分17.5克，蛋白质20.9克，脂肪3.7克，碳水化合物29克，钙329毫克，磷203毫克，铁99.4毫克，褐藻胶22.7克，甘露醇6.6克，碘63毫克等。

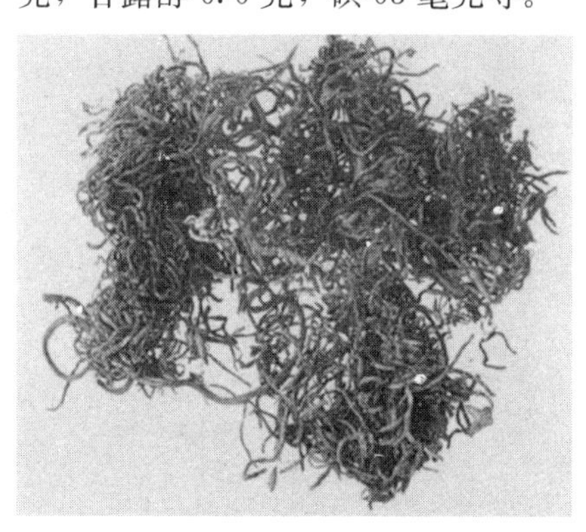

羊栖菜

羊栖菜性味甘咸寒，具有软坚散结、利水消肿、泄热化痰的功效。用于甲状腺肿、颈淋巴结肿、浮肿、脚气等。脾胃虚寒者忌食用。

《神农本草经》和《本草纲目》中称羊栖菜主治“瘿瘤结气”、“利小便”，有治疗“本豚气”、“水气浮肿”，“宿食不化”等功效。

含有丰富的蛋白质、糖类、生物钙以及各种维生素，对防治甲状腺肿大、高血压、风湿病、大肠癌以及消除大脑疲劳、促进皮肤光滑等均有显著疗效。

羊栖菜藻体还含有丰富的褐藻胶、甘露醇、碘等，它们均可作为工业原料。食用方法主要为炒制，可制成调味晶和海藻凝胶食品。

药用可作为治疗风湿病用的含脂多糖药物；制成逆转录酶抑制剂；治疗消化道溃疡用的植物和微生物脂多糖；抗疱疹药；胆固醇下降剂；抗糖尿病剂以及治疗弓形体感染用的脂多糖。

化工上可作为香皂原料的添加剂和家具板的黏合剂。

受到国外尤其是日本民众的青睐，故誉为“长寿菜”。

萱藻科

萱藻科是藻类植物，属褐藻门。

褐藻的共同特点：藻体呈黄褐色，为多细胞体。含大量墨角藻黄素。贮藏物质为褐藻淀粉和甘露醇。

多海生。

本科特点：藻体无类似茎、叶的分化，生活史中有配子体和孢子体两个世代，配子体与孢子体异形，孢子体大，配子体小。孢子体由薄壁组织构成；居间生长或顶端生长。孢子体体圆柱状或球状，中空或中实；配子体微小丝状。同配生殖或异配生殖。

代表种类有萱藻属：藻体圆柱状或压扁形，单条，幼时中空，常缢缩成节，基部具盘状固着器。生中、低潮带岩石或石沼中；囊藻属：藻体黄褐色，膜质，球形，中空，幼体内充满水分。生中、低潮带岩石或其他藻体上。

海　带

海带，是海藻类植物之一，是一种在低温海水中生长的大型海生褐藻植物。为大叶藻科植物，因其生长在海水中，柔韧似带而得名。海带主要是自然生长，也有人工养殖，多以干制品行销于市，质量以色褐、体短、质细而肥厚者为佳。海带有“长寿菜”、“海上之蔬”、“含碘冠军”的美誉。海带是一种褐藻，藻体褐色，一般长 2～4 米，最长达 7 米。可分固着器、柄部和叶片三部分。固着器为叉形分枝，用以附着海底岩石。柄部

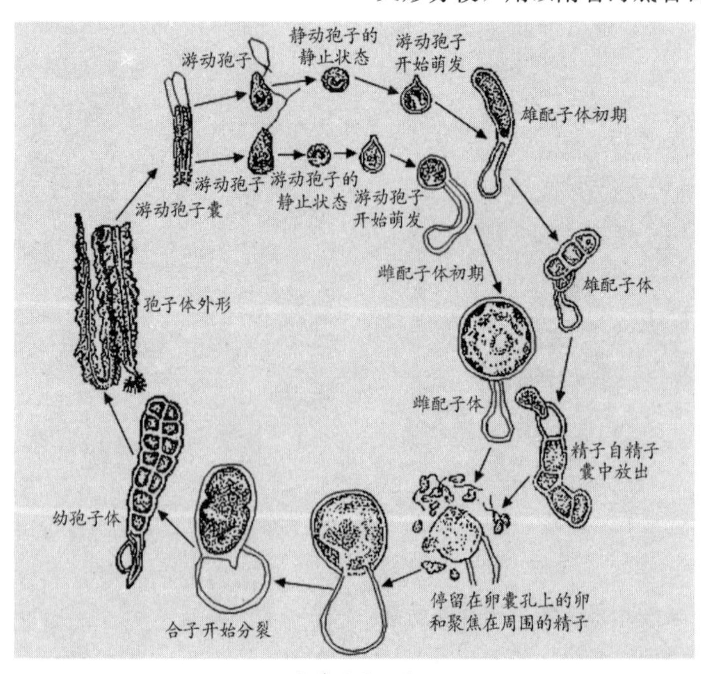

海带的生活史

短粗，圆柱形。叶片狭长，带形。生长于水温较低的海中，分布于我国北部沿海及朝鲜、日本和俄罗斯太平洋地区沿岩。我国北部及东南沿海有大量养殖。海带营养丰富，含有较多的碘质、钙质，有治疗甲状腺肿大之功效。

海带的生活史

海带是海藻类植物之一，是一种在低温海水中生长的大型海生褐藻植物，属于褐藻门布科，为大叶藻科植物。海带是一种营养价值很高的蔬菜，同时具有一定的药用价值。

海带主要是自然生长，也有人工养殖，多以干制品行销于市，质量以色褐、体短、质细而肥厚者为佳。海带有“长寿菜”、“海上之蔬”、“含碘冠军”的美誉。海带是一种褐藻，藻体褐色，一般长 2～4 米，最长达 7 米。可分固着器、柄部和叶片三部分。固着器叉形分枝，用以附着海底岩石。柄部短粗，圆柱形。叶片狭长，带形。生长于水温较低的海中，分布于中国北部沿海及朝鲜、日本和俄罗斯太平洋地区沿岩。我国北部及东南沿海有大量养殖。海带营养丰富，含有较多的碘质、钙质，有治疗甲状腺肿大之功效。海带可以冷拌食用，也可以做热炒菜。海带属孢子植物，先在叶子上长出许多口袋一样的孢子囊，里面有许多孢子。孢子成熟时孢子囊破裂，里头的孢子就出来了，用两根鞭毛在海里游泳。当它们落在海底的岩石上，在适宜的条件下就会发芽长成一条海带。由于从北到南温差、光照等诸因素差异的影响，海带的生长成熟期有早有迟，在同一海区或同一苗绳上的海带，其成熟期也有先后，所以，收获期从 5 月中旬延续到 7 月上旬。

海　带

在古代，海带（昆布）就是海味的一种，也是沿海地区及高丽扶桑与中原朝廷进贡贸易的珍物。新中国成立前海带主要依赖于进口，日常见到的海带也称日本海带，原产于日本、朝鲜半岛和俄罗斯的太平洋海域，20 世纪 20 年代来到中国。从 50 年代开始，中国科学院海洋研究所曾呈奎院士等和兄弟单位科学家创造了“海带夏苗育法”和“陶罐施肥法”，解决

了海带南移栽培的关键问题，培育了高产、高碘新品种，使中国的海带年产量由1952年的62吨鲜品提高到现在的约60万吨干品（1吨干品约合6吨鲜品），占世界海藻总产量的一半。此成果获得1978年全国科学大会奖。通过对南方海域水、肥条件的分析，采取合理方法，在中国长江以南沿海栽培海带成功，使我国的海带年产量跃居世界首位。这就是海带的南移栽培。通过连续自交、杂交、X射线诱变等传统育种手段，科学家们培育了一系列高产、高碘、耐高温、早熟的海带新品系，推动了海带栽培业的发展，奠定了中国在世界上“第一海藻栽培大国”的地位。

海带中含有60%的岩藻多糖

海带的生活史有明显的世代交替。孢子体成熟时，在带片的两面产生单室的游动孢子囊，游动孢子囊丛生呈棒状，中间夹着长的细胞，叫隔丝（或叫侧丝），隔丝尖端有透明的胶质冠，带片上生长游动孢子囊的区域为深褐色，孢子母细胞经过减数分裂及多次普通分裂，产生很多单倍侧生双鞭毛的同型游动孢子。游动孢子为梨形，两条侧生鞭毛不等长，北方海带的孢子多在9～10月间成熟，10月底到11月间放出大量孢子，同型的游动孢子在生理上是不同的孢子落地后立即萌发为雌，雄配子体，雄配子体是十几个至几十个细胞组成分枝的丝状体，其上的精子囊由1个细胞形成，产生1枚侧生双鞭毛的精子，构造和游动孢子相似，雌配子体是由少数较大的细胞组成，分枝也很少，在2～4个细胞时，枝端即产生单细胞的卵囊，内有1枚卵，成熟时卵排出，附着于卵囊顶端，卵在母体外受精，形成二倍的合子，合子不离母体，几日后即萌发为新的海带，次年6月在适宜的条件下，可长至1.3～1.7米，海带的孢子体和配子体之间差别很大，孢子体大而有组织的分化，配子体只有十几个细胞组成，这样的生活史称为异形世代交替。

海带在自然情况下生长期是2年，在人工筏式条件下养殖的是1年。第一年秋天采苗，第二年3～4月间，生长速度达到最高峰，藻体长达2～3米，秋季水温下降至21℃以下时，带片产生大量的孢子囊群，于

10～11月间放散大量孢子，此后如不收割，藻体即会死亡，藻体只能生活13～14个月。

海带的作用及生存特点

海带含有蛋白质、脂肪、糖、粗纤维、无机盐、碘、甘露醇、烟酸性物质，具有一定的药用功能。《本草纲目》说其能“治水病。瘿瘤，功用海藻”。《医林纂要》指出它能“补心行水，消滞，消瘿瘤结核，功寒瘕疝，治脚气水肿”。常吃海带能补血润脾，医治或防止甲状腺肿大，降低血液中的胆固醇，防止血管硬化、癞皮病及肝脏疾病。还具有化痰、利水泄热的功效。从海带中提取的甘露醇，是治疗急性肾衰竭、脑炎、急性青光眼等病的急救药。海带中含有60%的岩藻多糖，是一种较好的食物纤维素，它能减缓放射性元素锶被肠道吸收，并将锶排出体外。糖尿病人食用海带后，能延缓胃排空与通过小肠的时间，这样即使在胰岛素分泌量减少的情况下，血糖含量也不会上升，达到治疗糖尿病的作用。同样，海带既可减免胃的饥饿感，又能从中吸收多种氨基酸与矿物质，因此是理想的饱腹剂，用以治疗肥胖病。所以，海带在日本被称为“美容保健食品”。另外，海带淀粉对降低血脂、防治冠心病也有一定作用。所以，海带近年来被人们称为“健康食品”和“长寿菜”。海带具有很高的食疗价值。根据分析，每500克干海带中含有蛋白质41克、脂肪0.5克、无机盐645克，维生素（除维生素C之外）与菠菜、油菜相近，而糖、钙、铁的含量超过菠菜、油菜几倍至几十倍。海带还含有大部分人体所需的氨基酸。

海带具有一定的药用功能

海带是一种营养价值很高的蔬菜，每百克干海带中含：粗蛋白8.2克，脂肪0.1克，糖57克，粗纤维9.8克，无机盐12.9克，钙2.25克，铁0.15克，以及胡萝卜素0.57毫克，硫胺素（维生素B_1）0.69毫克，核黄素（维生素B_2）0.36毫克，烟酸16毫克，能发出262千卡热量。与菠菜、油菜相比，除维生素C外，海带的粗蛋白、糖、钙、铁的含量均高出几倍、几十倍。海带是一种含碘

量很高的海藻。养殖海带一般含碘3‰～5‰，多可达7‰～10‰。从中提制得的碘和褐藻酸，广泛应用于医药、食品和化工。碘是人体必需的元素之一，缺碘会患甲状腺肿大，多食海带能防治此病。还能预防动脉硬化，降低胆固醇与脂的积聚。

海带是一种营养价值很高的蔬菜

海带原是长寿菜——科学家们发现，海带是人类摄取钙、铁的宝库。每100克海带中，含钙高达1177毫克，含铁高达150毫克，真是高得惊人。所以海带对儿童、妇女和老年人的保健均有重要的作用。海带的另一个特点是含碘丰富，一般成年人需要的微量元素——碘，为150微克左右，而100克海带中，竟含碘元素240毫克。

海带为藻类植物海带科海带的藻类，藻体明显地区分为固着器、柄部和叶片。固着器假根状，柄部粗短圆

海带对动脉出血亦有止血作用

柱形，柄上部为宽大长带状的叶片。在叶片的中央有两条平行的浅沟，中间为中带部，厚2～5毫米，中带部两缘较薄有波状皱褶。在我国沿岸都有养殖，野生海边低潮线下2～3米深度岩石上均有。海带中褐藻酸钠盐有预防白血病和骨痛病的作用；对动脉出血亦有止血作用，口服可减少放射性元素锶－90在肠道内的吸收。褐藻酸钠具有降压作用。海带淀粉具有降低血脂的作用。近年来还发现海带的一种提取物具有抗癌作用。海带甘露醇对治疗急性肾功能衰退、脑水肿、乙型脑炎、急性青光眼都有效，脾胃虚寒者少食用。

海带具有一定的药用价值，因为海带中含有大量的碘，碘是甲状腺合成的主要物质，如果人体缺少碘，就会患“粗脖子病”，即甲状腺机能减退症，所以，海带是甲状腺机能低下

海带的经济价值很高

者的最佳食品。海带中还含有大量的甘露醇，而甘露醇具有利尿消肿的作用，可防治肾衰竭、老年性水肿、药物中毒等。甘露醇与碘、钾、烟酸等协同作用，对防治动脉硬化、高血压、慢性气管炎、慢性肝炎、贫血、水肿等疾病，都有较好的效果。海带中的优质蛋白质和不饱和脂肪酸，对心脏病、糖尿病、高血压有一定的防治作用。中医认为，海带性味咸寒，具有软坚、散结、消炎、平喘、通行利水、祛脂降压等功效，并对防治硅肺病有较好的作用。海带胶质能促使体内的放射性物质随同大便排出体外，从而减少放射性物质在人体内的积聚，也减少了放射性疾病的发生几率。常食海带可令秀发润泽乌黑。

因为海带自身的一些特点，所以说有两类人不适宜大量食用海带。一类是孕妇，一方面就是海带有催生的作用，另一方面海带含碘量非常高，它过多的食用可以影响胎儿的甲状腺的发育，所以孕妇吃要慎重一些。第二个是海带本身按中医讲是偏寒的，所以脾胃虚寒的人，在吃海带的时候不要一次吃太多，或者搭配的时候不要跟一些寒性的物质搭配，否则的话会引起胃脘不舒服。由于全球水质的污染，海带中很可能含有有毒物质——砷，所以烹制前应先用清水浸泡两三个小时，中间换一两次水，但不要浸泡时间过长，最多不超过 6 小时，以免水溶性的营养物质损失过多。

影响海带生长的主要因素有：温度配子体联合体阶段为 5～15℃；孢子体阶段为 5～10℃。光照配子体阶段为光强 1000 勒克斯，光时为 7～14 小时；孢子体阶段为光强 1000～1500 勒克斯。另外，孢子体阶段还受海流、风浪及二氧化碳含量的影响。

海　草

海草的分类与分布

什么是海草

海草是指生长于温带、热带近海水下的单子叶高等植物。它是一类生活在温带海域沿岸浅水中的单子叶草本植物。海草有发育良好的根状茎（水平方向的茎），叶片柔软、呈带状，花生于叶丛的基部，花蕊高出花瓣，所有这些都是为了适应水生生活环境。目前中国记录到 14 种海草，如喜盐草、大叶藻等。

海草常在沿海潮下带形成广大的海草场，海草场是高生产力区。这里的腐殖质特别多，是幼虾、稚鱼良好的生长场所，同时也有利于海鸟的栖息。

海　草

认识海草床

海域海草种类丰富，生物多样性高。海南岛东海岸监控区分布的海草具有典型的热带特点，热带种与亚热带种均有分布，主要海草种类有 8 种，优势种类为泰莱草和海菖蒲。部分海域海草成床分布。高隆湾海草呈点片状结合分布，大部分海域的海草分布呈点状分布，少部分为片状分布。海草种类有泰莱草和海菖蒲。海草平均密度为161株/米^2，平均盖度为45.7%。海草伴生生物在调查断面上很少，仅11种，该海域海草床共调查到8种鱼类以及一些馒头蟹科和梭子蟹科蟹类。

海草床

海草是继红树林和珊瑚礁以外又一个重要的海洋生态系统，大面积的连片海草被称为海草床，是许多大型海洋生物甚至哺乳动物赖以生存的栖息地，在生态上具有重要意义。

分类与分布

海草是指分属4个植物科（波喜荡草科、大叶藻科、水鳖科以及丝粉藻科），生长在海洋和完全盐水环境的一类开花植物。

目前中国有海草15种2亚种：喜盐草、大叶藻、丛生大叶藻、日本大叶藻、红须根虾形藻、二药藻、圆头二药藻、海神草、齿叶海神草、针叶藻、全楔草、海菖蒲、海黾草、喜盐草、喜盐草卵叶亚种、喜盐草拟卵叶亚种、具毛喜盐草、无横脉喜盐草。

海草是生活于热带和温带海域浅水中的单子叶植物，不包括咸淡水生的类型在内，也就是说海草是只适应于海洋环境生活的水生种子植物。

海草具备四种机能以适应其海生生活：（1）具有适应于盐介质的能力；（2）具有一个很发达的支持系统，来抗拒波浪与潮汐；（3）当完全为海水覆盖时，有完成正常生理活动以及实现花粉释放和种子散布的能力；（4）在环境条件较为稳定的情况下，具备与其他海洋生物竞争的能力。

海草的一个重要特征是适应于海洋浅水海岸带，一般在潮下带浅水6米以上（少数可深达50米）的环境。海草适生于近海浅水域和河口海湾环境，普遍生长在珊瑚礁的泻湖和大陆架（暗礁）的浅水里，在淡水区完全不存在。海草多数种类分布在东半球的印度洋和西太平洋地区，部分种类分布在西半球加勒比海地区。

海草的叶片又长又细，绝大部分是绿色的，而且植株群时常生长在广大的“草地”上，看起来就像是一大片的草原。

由于这类植物必须行光合作用，所以它们的生长受限于浸没的透光

带，且绝大多数存在于浅滩与隐匿海岸，固定生长在沙滩或是泥沙底部。当它们完成全部的水下生命周期时才会接受授粉。

海草组成大规模的海床或是草地，可以是由单属种（仅由一种构成）或多属种（多于一种共存）任一组成。在温暖的地区，通常仅有1种或少数几种具有优势（像是在北大西洋的大叶藻），然而在热带的海床通常有更多的不同种类，菲律宾有超过13种记录。

海草与章鱼海草床具有高度多样性，而且是富有生产力的生态系统，并能提供躲藏处给来自所有分类门的数以百计的物种组合，比如年幼和成熟的鱼、附着并自由营生的海藻与微细植物、软体动物、刚毛虫以及线虫等。起初被认为是少数种类以海草叶为食（部分由于它们的营养含量不足），然而学术评论与实际使用的改进分类法显示，在食物链中海草草食性是高度重要的一环链接，全世界有上百个物种皆以摄取海草为食，包括儒艮、海牛、鱼、鹅、天鹅、海胆以及螃蟹。

海草有时候也被称为“生态系统环境建设者”，因为它们在某种程度上营造出特有的栖息地：长叶能使水流减速而增进沉淀，并且海草的根与地下茎可安定海床。它们对物种组合真正的重要性大概就是提供躲藏处了（透过它们在水体中三度空间的结构），而且初级生产高度仰赖它们。因此，海草供给沿岸带一些“生态系统货物”与“生态系统服务”，例如渔场、防浪涌、产生氧气以及保护海岸来抵抗侵蚀作用。

海草的主要特征

生活在热带和温带海域沿岸浅水中的单子叶植物。常在沿岸潮下带浅水中形成海草场，具有重要的生态作用，其生物生产力在热带海洋中是最高的。

海草在演化中也被认为是再次下海的。为适应生活环境，它们在形态构造上也有一些相应的特征：①有发育良好的根状茎（水平方向的茎），使各个个体在附着基上交织生长以巩固植体，进而形成海草场。②叶片柔软，呈带状或切面构造为圆柱状，以便在海水流动时保持直立；叶片内部有规则排列的气腔，以便于漂浮和进行气体交换。③花着生于叶丛的基部，雄蕊（花药）和雌蕊（花柱和柱头）高出花瓣以上；花粉一般为念珠形且粘结成链状，以借海水的流动受粉。

海草是适应在海洋环境中生存和繁殖的单子叶植物，由于所处环境常存在潮汐、风暴等的干扰，海草形成了一系列适应特征，克隆性是其中突出的一个。所有的海草都具有水平根状茎，许多海草也具有垂直根状茎。在一些海草中，也观察到无性生殖（无融合生殖）。与克隆生长有关的参数（如节间长度、间隔子长度、分枝角度以及延伸速率和分枝率等）对于海草的克隆生长有着决定性影响，但繁育系统对克隆斑块大小也有较大影响。强烈的克隆性影响着海草的遗传变异。总体来看，海草种群内遗传多样性比陆生植物低，也低于另一类海洋高等植物——红树植物，利用DNA标记观察到的多样性高于等位酶标记。

海草的繁殖方式

海草是南中国海重要的生态系统之一，在全球50多种海草中，南中国海就分布了20多种。海草在海洋生态系统中的作用非常重要：通过降低悬浮物和吸收营养物质达到净化水质的目的，同时也改善了水的透明度；为许多种类的动物提供了重要的栖息地、育苗场所和庇护场所，尤其为一些具有商业价值的动物提供了育苗场所；为许多生物提供了重要的食物来源（以碎屑形式）；海草稠密的根系成簇地扎在松软的海底上，起着固定底质的作用；具有抗波浪与潮流的能力，是保护海岸的天然屏障；海草在全球C、N、P循环中扮演着非常重要的角色。

海草是海洋动物的食物

但长期以来，海草在海洋中的重要作用得不到足够的重视，海草床面积已在全球范围内下降，其消失的原因是多方面的，一方面是由于“自然病害”、巨大风暴和气候变化造成的；但更多是由人类的活动引起的，例如，填海造地，城市化的扩展，使沿岸许多自然海岸受损，生态系统被破坏；同时海水受到污染，沉积物和营养物增加，海水高浑浊度以及富营养化，也是海草消失的主要原因。

强烈的克隆性影响着海草的遗传变异。总体来看，海草种群内遗传多样性比陆生植物低，也低于另一类海洋高等植物——红树植物，利用DNA标记观察到的多样性高于等位

海草根系发达，有利于抵御风浪对近岸底质的侵蚀

酶标记。在一些海草植物种群中观察到较高的克隆多样性，但也有一些种群由单一基因型或少量基因型组成，其原因主要是由于奠基者效应和克隆生长。通常克隆植物中的基因流有限，但是海草的克隆片段可能远距离扩散，从而提高种群间的基因流。

海草的代表植物

海草是唯一淹没在浅海水下的被子植物，全球 12 属 50 多种海草中，南中国海海域就分布了 8 属 20 多种，海草在我国的分布从温带的黄海、渤海一直延伸到亚热带的福建、香港沿海，在热带的海南岛和西沙群岛也有分布。

植物的起源虽则是在海洋，但海草却是二次下海的。海草属于单子叶植物，在植物界系统地位是很高的。因此，有关海草的研究，一直是海草学家十分感兴趣的问题。

海草是许多动物的一种直接的食物来源。在得克萨斯湾的海草床的研究中，Fry 和 Parker（1979）发现小虾和小鱼利用海草及其相关的藻类作为它们的初级营养源，海草常是幼虾、稚鱼的优良繁殖场所。他们在对 340 个动物进行稳定碳核素比率的测定基础上分析说明了它们对海草的消耗水平和依赖关系。

海草群落是许多动物的重要栖息地和隐蔽场所。Kikuchi（1974）发现，当大叶藻的产量降低时，许多十足目动物、雏鸟和青壮期的鱼类产量显著下降；大叶藻场的衰退会引起鱼类和附生的无脊椎动物种群的动物区系的变化。

海菖蒲植株

海草是附生动植物重要的底物。Harlin（1980）曾列举出在海草叶片上，附生有450种以上的大型藻类、150种以上的小型藻类（大多数是硅藻）和180种以上的无脊椎动物。

海草从海水和底质沉淀物的表面搬运养分（吸取清除掉）的效率很高，是控制浅水水质的关键植物。因此，海草能在水中可溶性营养盐很低的条件下生长。Bell（1979）发现海毛草属植物的形态变化与底质沉淀物中有机质含量的百分率有关。她指出当底质沉淀物中有机质含量的百分率增加时，叶面积指数会随之增加。

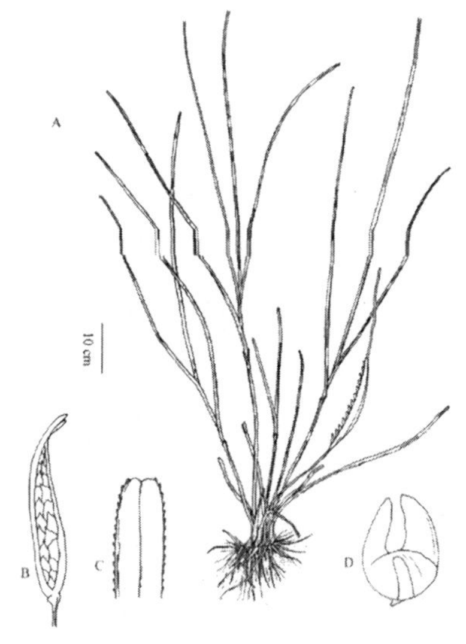

A. 植株；B. 雌花序；C. 叶尖；D. 果实

黑须根虾形藻（大叶藻科）

大叶藻的叶子细长呈带状，长30～150厘米，宽0.7～1.5厘米，呈鲜艳绿色，春夏两季生长繁茂，花为淡黄色。

虾形藻的分枝较密，匍匐的茎和根固着在岩石上，叶细长鲜绿色，一般长30～140厘米，宽0.2～0.4厘米，每年的三四月份长出花枝，花被花苞包着。

丛生大叶藻

多年生草本植物，生长在潮下带石沼中，根较短，集生在匍匐茎的结节处，长不过5厘米。叶片长60～70厘米，宽3～5毫米，叶脉有5～7条，中脉在叶的顶端略变宽，叶鞘长约5～15厘米，比叶片略宽，管状，叶顶端钝圆。繁殖枝较少，长30～60厘米，肉穗花序，线形。雄蕊药室长4～5毫米，宽约1毫米，花粉散放后衰萎，雌蕊的子房长约2.5毫米，花柱长约2毫米，柱头有2个，果实卵形，具钩，长3～3.5毫米，果皮具有明显的纵向的肋。

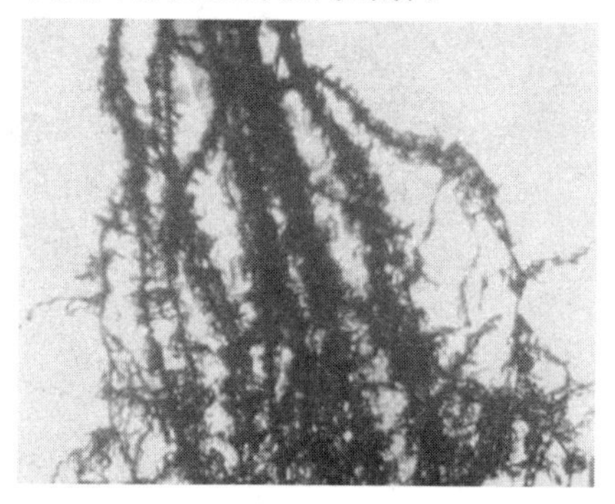

丛生大叶藻

日本大叶藻

多年生草本单子叶植物，匍匐生长在潮间带下部和潮下带沙石上。匍匐枝的每个结节处有2条根与1片向上的原叶体。节间长短不一，通常长3～3.2毫米，通常有2～4个叶片从叶脉上长出，叶鞘长1.25～6厘米，略比叶片宽，覆盖着膜质的瓣。叶片长3～30厘米，宽1.25～1.5毫米。基部较窄，叶脉有3条，中脉顶部变宽，略分叉，叶的顶端钝圆。繁殖枝最长的达2.5厘米，具1～5个佛蕊苞。肉穗花序，线形，顶端钝形，具有4～5个雌花，4～5个雄花。雄蕊的药室长椭圆形，长1.5～2毫米，宽1毫米，花粉散放后衰萎，雌蕊的子房长椭圆形，长1.5～2毫米，花柱与子房等长。柱头有2个，长1～1.5毫米，开花后凋落。果实为椭圆形，长约2毫米，具有1个喙，果皮膜质，为红褐色。

大叶藻

大叶藻是多年生草本单子植物，生长在低潮带下部，潮下带石沼中。具有匍匐的地下茎和直立茎的分化，地下茎直径为2～5毫米，分节明显，直立茎扁压，长10～35毫米，管状，膜质。叶片长120厘米，宽2～12毫米，叶脉为5～11条。繁殖枝长150厘米，重复分枝，具有较多佛蕊苞。佛蕊苞鞘较长，通常长40～85毫米，宽2～4毫米。肉穗花序，线形，钝圆，具雌、雄花各约20朵。雄蕊药室长4～5毫米，宽1毫米，雌蕊子房长2～3毫米，花柱长1.5～2.5毫米，柱头2个，长2～3.5毫米。果实椭圆形或卵圆形，长2.5～4毫米，一般具钩。果皮膜质或皮革质，褐色，具有较明显的条纹。

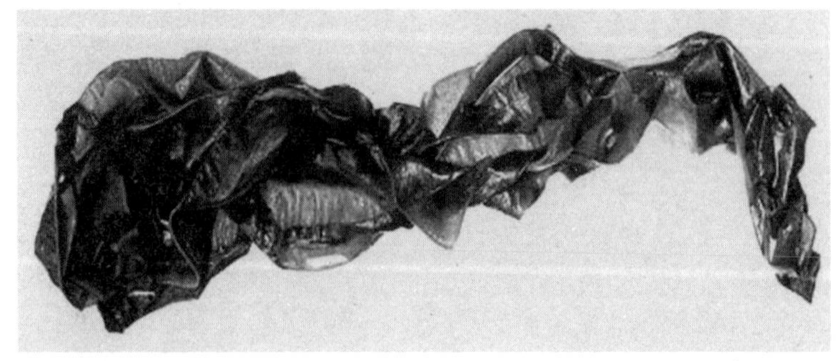

大叶藻

红须根虾形藻

多年生草本单子植物，生长在低潮带或潮下带石沼中。匍匐茎直径 5 毫米，每个结节具有 2 条根和 1 个叶片，老的结节处覆盖着一丛淡红色至暗褐色根，长约 10 厘米，节间较短，4～5 毫米，叶鞘长达 25 厘米，背面呈绿色，叶片较长，长达 1～1.5 米，宽 1.2～4.5 毫米，叶脉 5 条，中脉到顶。繁殖枝退化，成单一的花序，通常为线形、披针形。雄蕊由 2 个线形的药室组成，长约 2 毫米，散放花粉后脱落。雌蕊的花房中心固定，与花序成 45 度角，花柱长 2 毫米，柱头有 2 个，果实扁压，呈新月状，背面中央有脊。种子为椭圆形。

海人草

海人草，高 5～25 厘米，暗紫红色，软骨质，有不规则的叉状分枝。固着器为盘状构造。枝圆柱状，顶端如狐尾，全体密被毛状小枝，但基部大多脱落。小枝的围轴细胞 8～10 个。四分孢子囊位于小枝的顶端膨大部分，螺旋状排列。囊果卵圆形，无柄，生于小枝的上部或中央部分的侧面。

海人草生活在热带和温带的海岸附近的浅海中，被认为是在演化过程

海人草

中再次下海的植物。常在潮下带海水中形成草场。在世界上的分布很广，已知有 12 属 49 种，其中 7 属产于热带，2 属见于温带；3/4 的种类产于印度洋和西太平洋。

海人草根系发达，有利于抵御风浪对近岸底质的侵蚀

陆地上的植物有树木花草，它们构成大片森林、草原或花园绿地。海洋里的植物都称为海人草，有的海人

草很小，要用显微镜放大几十倍、几百倍才能看见。它们由单细胞或一串细胞所构成，长着不同颜色的枝叶，靠着枝叶在水中漂浮。单细胞海人草的生长和繁殖速度很快，一天能增加许多倍。虽然，它们不断地被各种鱼虾吞食，但数量仍然很庞大。

大的海人草有几十米甚至几百米长，它们柔软的身体紧贴海底，被波浪冲击得前后摇摆，但却不易折断。海人草的经济价值很高，像我国浅海中的海带、紫菜和石花菜，都是很好的食品，有的还可以提炼碘、溴、氯化钾等工业原料和医药原料。

海人草是海洋动物的食物。有些海洋动物是食草的，另外一些是靠吃“食草”动物来维持生命的，所以，海洋中的动物都是靠海人草来养活的。

海人草像陆上的植物一样，没有阳光就不能生存。海洋绿色植物在它的生命过程中，从海水中吸收养料，在太阳光的照射下，通过光合作用，合成有机物质（糖、淀粉等），以满足海洋植物生活的需要。光合作用必须有阳光。阳光只能透入海水表层，这使得海人草仅能生活在浅海中或大洋的表层，大的海人草只能生活在海边及水深几十米以内的海底。

海 茜

海茜的代表是马尾藻，藻体为黄褐色，匍匐状，长 40～80 厘米；主干细长，单生。叶通常为长披针形，长约 5～6 厘米，宽为 3～4 毫米，叶缘有浅缺刻或锯齿。气囊为纺锤形或椭圆形，顶端微突，囊柄较长。

海 茜

亨氏马尾藻，多年生海藻，高 50～100 厘米，固着器圆盘状。主干为 1～2 厘米，自上生出数条主枝。主枝丝状，扁压，其上生出同形的侧枝。体下部的叶单条或分枝，长在 10 厘米上下，中肋隆起，十分明显，达于叶尖，毛窠散布于中肋两侧，上部叶为狭披针形，长 5～8 厘米；中肋明显，及于顶端，毛窠各一列，散布于中肋两侧，有锐而浅的锯齿。气囊圆球形或略延长，顶圆，囊柄较长。生殖托圆柱状，单条或稍有分枝，表面呈瘤状，顶端略细，总状或复总状排列，一般雄托长 5～20 毫米，径 1 毫米，雌托长 2～10 毫米，径 1～1.5 毫米。

鼠尾藻的藻体为暗褐色，高10～50 厘米，最高可达 120 厘米。固着器为扁平的圆盘状，边缘有裂缝，上生有一条主干。主干短，圆柱形，有鳞状的叶痕。主干顶端长出数条初生枝。幼期鳞片状小叶密密地排列在主干上，很像一个小松球。初生枝的幼期也覆盖以密螺旋状重叠的鳞片叶，次生枝短，枝上有纵沟纹。叶丝状，披针形，边缘全缘或有粗锯齿。气囊小，窄纺锤形或倒卵圆形，有囊柄。生殖托为长椭圆或圆柱状，先端钝，生于叶腋间。

海　茜

铜藻的藻体为黄褐色，高 0.5～2 米，最高可达 8 米，体质较为纤弱。固着器裂瓣状，上生圆柱形的主干。主干一般为单生，径 1.5～3 毫米，幼期生刺状突起，渐长则除基部和枝的下部保留刺外，中上部均变为平滑。幼体的叶连接主干处向下生有纵走的浅沟，这种浅沟在枝上也常出现，藻体长大后，主干上仍保留有基部叶的痕迹，但侧枝与主干的区分不如幼时易于辨别。体下部的叶有不甚明显的反曲现象，叶基部的边缘常向中肋处深裂，向上主叶尖则逐渐浅裂并变狭窄，叶尖微钝；叶片长 1.5～7 厘米，宽 0.3～1.2 厘米，有中肋，主叶尖处则渐消失。柄部细长，多在 1～2 厘米间。气囊圆柱状，长 0.5～1.5 厘米，宽 0.2～0.3 厘米，两端尖细。顶端冠一小裂叶。生殖托圆柱状，两端较细，顶生或生在叶腋；一般雄托长 4～8 厘米，径长 1.5～2 毫米；雌托长 1.5～3 厘米，径为 2.0～3.0 毫米，均具短柄，卵在排出之际，托径变粗，常自下向上作二三次分段成熟。

铜藻的生态环境有：

1. 生于大干潮线以下的岩礁上或低潮带的石沼中。

2. 生长在低潮带至大干潮线下较深处的岩礁上。为我国特有的亚热带海藻种类。

3. 生于中潮带和低潮带的岩石上，或在高、中潮带的水洼或石沼中。

4. 生长于低潮带深沼中或大干潮线下深至 4 米处的岩石上。

铜藻的资源分布为：

1. 分布于广东沿海水域。日本沿海亦有分布。

2. 分布于福建（东山）、广东（惠阳、徐闻）等地。

3. 分布于我国北起辽东半岛，南至雷州半岛之间的沿海区域。

4. 分布于辽宁（大连）、浙江（中街山列岛）、福建（平潭、东山岛）、广东（惠来、饶平、海丰）等地。

海菖蒲

海菖蒲属水鳖科，只有海菖蒲 E. acoroides（L. f.）Steud. 1 种，广布于印度洋和西太平洋一带海岸，我国东部沿海亦有分布。海生、沉水草本；根茎有残余的老叶；叶狭线形，互生；花单性异株；雄花多数，微小，包藏于一个近无柄、由 2 苞片组成、压扁的佛焰苞内，最后逸出而浮于水面；花被片阔椭圆形，2 轮；雄蕊 3，花药无柄；退化子房缺；雌花遥大，单生，无柄，生于一长佛焰苞内，花茎旋卷；外轮花被片长椭圆形，覆瓦状排列，内轮花被片较长，线形，近镊合状排列；退化雄蕊缺；子房卵状，有 6 条棱，具长喙，6 室；花柱 6，2 裂，胚珠在每一胎座上少数；果卵状，有喙，不开裂。

喜盐草

喜盐草属水鳖料，有 4 种，分布于印度洋、太平洋及加勒比海中，其中喜盐草 H. ovalis（R. Br.）Hook. f.，我国台湾和广东沿海岸亦产之。沉水草本，生于海岸或海水中；茎纤细，每节有卵形至长椭圆形的叶一对；花单性同株或异株，单生于一无柄、腋生的小佛焰苞内，雄花具柄，雌花无柄；花被片有 3 个，花药近无花丝；子房有 1 室，有胚珠数至多颗；花柱有 3 个，丝状；果近球形，有喙。

泰来藻

泰来藻属水鳖科，只有 T. hemprichii（Ehrenb.）Aschers. 1 种，分布于印度洋、西太平洋和大西洋中，我国近台湾海面有分布。海生，沉水草本；根茎长，有环纹；茎短；叶带状，有 2～3 枚生于膜质的鞘内；花茎由鞘内抽出；佛焰苞花单性；阔线形，由 2 苞片组成，内有花 1 朵；花草性；雄花具长柄；花被 1 轮，裂片

3个，卵形，花瓣状；雄蕊3～12朵，花丝极短；退化雌蕊缺；雌花最初近无柄，后多少具柄；子房有长喙；果球形，平滑或有小凸刺，由顶部开裂为多个果片，裂片最后辐射状；种子有多数。

丝粉藻

丝粉藻属角果藻科，有4种，分布于热带和亚热带地区海洋中，其中C. tunda Asch. et Schwein f. 在我国广东沿海岛屿亦有分布。咸水生草本，有匍匐状根茎；茎具叶，极短或延长而直立；叶有2列，狭长或稍阔而短，基部有一短鞘；花单性异株，单生于鞘状苞片内；花被缺；雄花有无花丝的花药2枚；花粉丝状；雌花有离生的心皮2片，每一心皮有胚珠1颗，向上渐狭成一线状花柱；成熟心皮革质或木质，不开裂。

二药藻

二药藻属角果藻科，有7种，产热带地区海洋中，我国台湾和广东海南有二药藻 H. uninervis（Forsk.）、Aschers. 等2种，生于浅海中。海生草本；根茎纤细而坚硬，单轴型分枝；茎短，被鳞片；叶线形，顶端的两侧有2齿或顶端有数齿；叶脉有3条；叶鞘圆筒形，有明显的叶舌和2个叶耳；花雌雄异株，单生，顶生，无花被；雄花具梗，花药2枚，不等高地着生，外向，纵裂；雌花近无梗，心皮有2片，花柱不分裂；成熟心皮卵形，革质，不开裂，内有种子1个。

二药藻

巨　藻

巨藻是褐藻门巨藻科的一属，是海藻中个体最大的一个类群，较为人熟知的有大型褐藻。

巨　藻

孢子体长达几十至百米以上，固着器由数回叉状分枝的假根组成，呈圆锥状，茎直立，圆柱形，靠近基部数回叉状分枝，叶片偏于一侧排列在茎上，由于茎扭曲而呈螺旋状。成熟的叶片不分裂，略隆起。边缘有锯齿；叶柄短，叶的基部具有亚球形或纺锤形的气囊。孢子囊生在藻体基部的孢子叶中，孢子叶开始全缘，后来从基部到顶端分裂成相等的两部分，经 4～5 次分裂后形成较窄的线形叶，孢子囊散布于孢子叶整个表面。配子体微小，生活史为孢子体发达的异形世代交替。有 3 种，主要分布在美洲太平洋沿岸，自阿拉斯加经加拿大、美国至墨西哥、澳大利亚、新西兰、秘鲁和南非等地。中国只有引进的巨藻 1 种，已在山东长岛县落户，生长势态良好。巨藻是冷水性种类，生长在潮下带水深 6～20（80）米的岩石上。巨藻用于生产多种化工、医药产品，是褐藻胶的主要原料，同时还是动物饲料和制取甲烷的原料。

巨藻藻体为黄褐色，高达 40 米。茎 4～5 次叉状分枝，每个分枝顶部叶片呈宽镰刀状，随着年龄增加，渐渐变窄，成熟藻体偏于一侧的叶片，为披针形，长 40～75 厘米，宽 8～15 厘米，边缘有锯齿，孢子叶着生在茎的基部，靠近固着器。气囊亚球形，着生在叶片的基部。巨藻属于褐藻类，它们是藻类王国中最长的一族。大多数巨藻可以长到几十米，最长的甚至可以达到 200～300 米，重达 200 千克。靠 1 米多长的固着器将藻体固定在礁石上。巨藻的中心是一

巨藻藻体黄褐色，高达 40 米

条主干，上面生长着 100 多个树枝一样的小柄，柄上生有小叶片，有的叶片长达 1 米多，宽度达到了6～17厘米。叶片上生有气囊，气囊可以产生足够的浮力将巨藻的叶片乃至整个藻体托举起来。这些气囊有规律地排列在叶片上主叶脉的两侧。在巨藻生长茂盛的地方，巨大的叶片层层叠叠地可以铺满几百平方千米的海面。巨藻是世界上生长最快的植物之一。在适宜的条件下，每棵巨藻一天内就可以生长 30～60 厘米。一年里，一棵巨藻可以长到 50 多米。生长在热带的巨藻全年都在生长，海边的以采集巨藻为生的渔民们每年可以收获 3 到 4 次。巨藻的寿命一般在 4 到 8 年之间。最长寿的巨藻可以生长 12 年。如果每公顷海面种植 1000 棵巨藻，那么每年可以收获新鲜的巨藻 750～1200 吨。巨藻原产于北美洲大西洋沿岸，澳大利亚、新西兰、秘鲁、智利及南非沿岸都有分布。

波喜荡草

波喜荡草属波喜荡草科，有 3 种，分布于地中海沿岸及大洋洲。我国有波喜荡草 F. australis Hook. f，1 种，产于广东海南岛，为一沉没于海水中的多年生、具根状茎的草本。

波喜荡草属都是生长在海水中的咸水生植物，主要分布在地中海和澳大利亚沿海。2006 年，在西班牙的地中海岛屿伊维萨岛南部发现了大约有 8 千米长的大范围波喜荡草生长区域，可能已经持续有 10 万年之久。

因为其名称源自希腊神话中的海神波塞冬，所以也被翻译为“海王神草”。

海草的生态意义与经济价值

海草的生态环境及价值

海草在海洋生态环境中的作用非常重要，如改善水的透明度；控

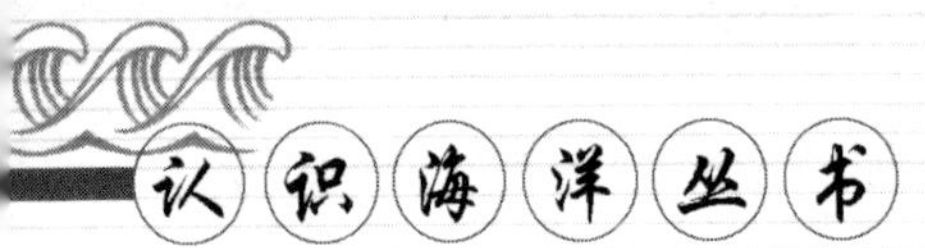

制浅水水质；是许多动物的直接食物来源；为许多动物种类提供了重要的栖息地和隐蔽保护场所；栖息着许多重要的底栖生物；抗波浪与潮的能力，是保护海岸的天然屏障。海草通过其高生产力建立很大的碳储备，在热带地区，这些碳储备被食草动物如海龟、鸟类和海洋哺乳动物利用。碎屑食物链通常被认为是来自海草的主要能量源流动的途径。据国际上的研究结果，海草的经济价值远高于红树林和珊瑚礁的经济价值。

海草在海洋生态环境中的作用非常重要

海草作为一种生长在水下的水生植物，由陆生植物演变而来。海草是唯一淹没在浅海水下的被子植物，其花在水下结果，然后再发芽。全世界的海草包括12个属，约50个种，这些植物广泛分布于温带和热带的海岸带水域，并且是常常受到自然原因和人为原因严重干扰的群落生境。它们偏爱的环境主要是流动有限的沿海泻湖、河口和海湾。在热带和亚热带地区，海草场、与红树林和珊瑚礁一样，是三大典型海洋生态系统。海草场是生物圈中最具生产力的水生生态系统之一。

和陆生植物一样，海草也有根茎叶的分化，海草还会开花和结果，它也是通过光合作用以获得自身生长所需能量的初级生产者。但是海草和陆生植物也有显著的不同，海草没有强壮的茎秆，它们的叶只需海水的浮力的承托就足以抵挡波浪的冲击。

从海草的形态学和生活习性来看，它们有时候更像海里的大型藻类，但是只要细心观察，两者之间有着极大的差异。从生理结构上看，海草更接近于陆生植物，它们有完善的结构分化，而大型藻类却没有。大型藻类通常通过假根附着于海底或其他一些固定于海里的物体，而海草有真正的根，它们通过根固定于海底，并通过根吸收沉积物里面的营养物质和生长所需的矿物质。从光合作用来看，大型藻类的所有细胞都可以进行光合作用，而海草只有叶有叶绿体，因而海草的光合作用只能够通过叶进行。此外，大型海藻可以通过营养盐

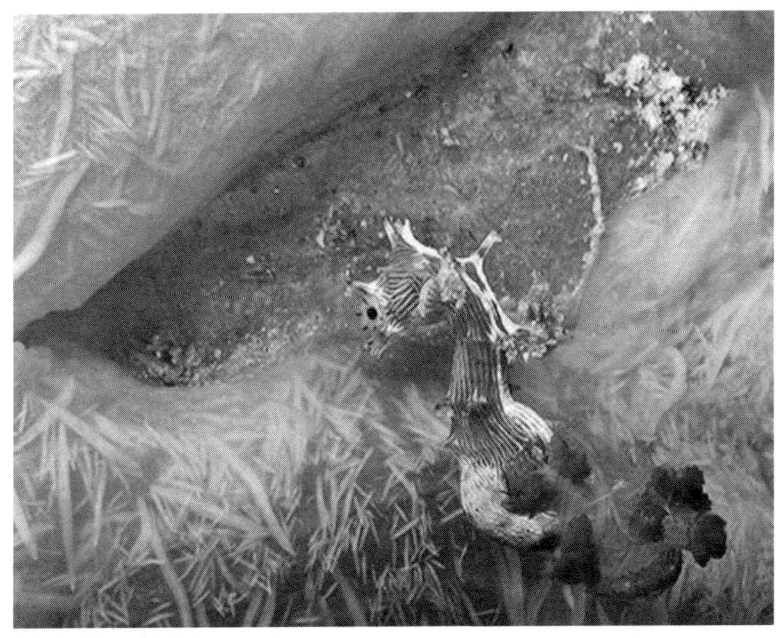

海草的生态环境

和矿物质的扩散作用而直接从水体中获得这些物质，而海草只能够通过木质部和韧皮对这些物质进行传输。最后，大多数的大型海藻没有繁殖器官，而海草能够很好地进行有性繁殖。

海草是饲料、化妆品、工艺品的很好的生产原料，此外，海草场也具有很高的科学研究以及为旅游观光的价值。

海草场的存在改善了周围的环境，为周围的居民提供了便利或福利。海草场的存在对净化水质、减少岸堤维护费用、增加海草场及其近海的渔业资源有着极大的作用。海草通过吸收周围海水中的 N、P 等营养元素而达到净化水质的效果，从而避免赤潮的发生。海草场为鱼、虾、贝类等生物提供庇护场所、栖息场所，提供食物，使海草场中的渔业资源特别丰富，此外海草场也是许多经济鱼类孵育仔稚鱼的好场所。海草场的存在不但对其中的渔业资源有很大的贡献，而且对其附近海域的渔业也有很大的贡献。海草场中的经济动物在海草场中孵卵、生长以及生活，其幼体长大后可能游到附近的海域生活，这就为附近的海域增加了渔业资源。海草的存在可以抵挡住部分风力，减弱风力，保护海堤。

海草的生态环境是饲料、化妆品、工艺品的很好的生产原料

海草作为海洋生态系统的重要组成部分之一，除了能为人类带来可视的经济价值之外，还有一些不可见的价值，例如海草丰富了人类的精神世界，增加了审美视野，等等，这些作用所带来的价值很难用金钱来衡量的。

海草床

海草床的经济价值

地球上的植物起源于海洋，但海草是二次下海，其在植物进化上的地位如同鲸、海豚一样重要。海草床与红树林、珊瑚礁共称三大典型的海洋生态系统，研究发现，在海草床中，可找到超过 100 种的生物品种，每平方米总数量有 5 万；而在没有海草的地方，只有 60 种以下，每平方米总数量少于 1 万。因此，海草床是成千上万动植物赖以生存的重要资源，是巨大的海洋生物基因库。海草床的生态经济价值高达每年每公顷 2 千多美元。海草床的生态经济价值主要表现为：

海草床是海洋生物的栖息地和重要食物链

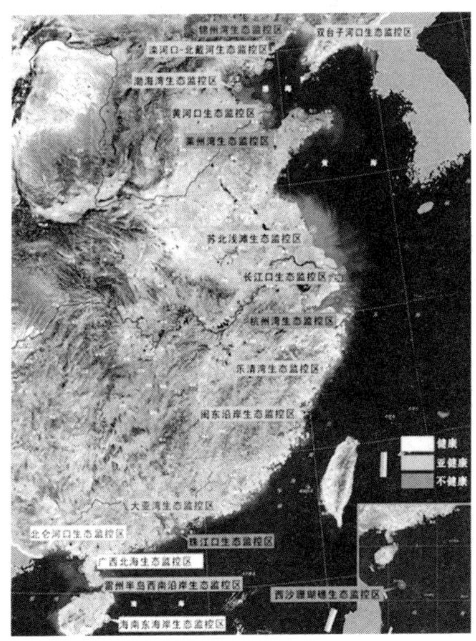

我国海草床地理分布示意图

第一，海草床是海洋生物的栖息地和重要食物链，具有稳固近海底质和海岸线的作用。海草床生态系统能改善海水的透明度，减少富营养质，为大量海洋生物提供栖息地，其中包括底栖动植物、深海动植物、附生生物、浮游生物、细菌和寄生生物，海草床更是鱼、虾及蟹等的生长场所和繁衍场所。海草床里的腐殖质特别多，也有利于海鸟的栖息。海草床是浅海水域食物网的重要组成部分，直接食用海草的生物包括儒艮、海胆、马蹄蟹、绿海龟、海马、鱼类等。死亡的海草床又是复杂食物链形成的基础，细菌分解海草腐殖质，为沙虫、蟹类和一些滤食性动物如海葵和海鞘类提供食物。大量腐殖质的分解释放出氮磷等营养元素，溶解于水中被海草和浮游生物重新利用。而浮游植物和浮游动物又是幼虾、鱼类及其他滤食性动物的食物来源。海草是一种根茎植物，生长于近海海岸淤泥质或沙质沉积物上，可捉紧泥土，减弱海浪冲击力，减少沙土流失，起到巩固及防护海床底质和海岸线的作用。

第二，海草床资源保护区是开展海洋生态旅游的理想场所。生态旅游是以独特的自然资源为基础的高层次旅游活动，是令当地人民从保护自然资源中得到经济收益的一种旅游文化。海南的海草床资源作为独特的海洋生态系统，既可规划建设成生态自然保护区，又是开展海洋生态旅游的理想场所。

第三，成片的海草床是海洋生态养殖业的重要基地。海水养殖业已被

誉为“蓝色农业”。海南东部海域有成片的海草床，通过海洋生态养殖，即通过调查各个海草床海域的海洋生态环境容量，全面收集相关数据进行研究分析，确定该海草床所在海域对海水养殖产生污染的最大承受能力，最终确定最适宜的海水养殖容量、养殖种类、养殖密度和布局，从而实现经济效益和环境效益的统一，保证海南海草床生态系统的健康和海洋养殖业的可持续发展。

第四，海草床资源可以带动相关加工业的发展。海草的编织工艺品，如海草画、海草篮、海草包等，欧美市场很抢手，是出口创汇的重要产品。从海草中提取的有效成分，可以制造多种美容护肤品，也是多种保健品的重要原料。

第五，海草床资源可以带动相关高科技产业的发展。美国科学家通过基因工程技术，将海草中的基因注入陆地作物高粱的基因中，于 1997 年培植出第一批可用海水浇灌的新型高粱。德国科学家利用海草中含有的碳酸钙，于 2001 年制成性能几乎与人的骨头完全一样的人造骨，是理想的骨组织替代物。美国科学家正在研究海草上的真菌和微生物，寻找含有对付癌症和其他 21 世纪瘟疫的有效成分。因此，保护好海南的海草床资源，在保护中科学开发海草床资源，对海南经济社会可持续发展具有巨大的推动作用。

我国南海海草床生态系统

我国南部海域海草种类丰富，生物多样性高。海南岛东海岸监控区分布的海草具有典型的热带特点，热带种与亚热带种均有分布，主要海草种类有 8 种，优势种类为泰莱草和海菖蒲。部分海域海草成床分布。

海草床是许多大型海洋生物甚至哺乳动物赖以生存的栖息地

高隆湾海草床

海草呈点片状结合分布，大部分海域的海草分布呈点状分布，少部分为片状分布。海草种类有泰莱草和海菖蒲。海草平均密度为 161 株/米^2，平均盖度为 45.7%。海草伴生生物在调查断面上很少，仅有 11 种，该海域海草床共调查到 8 种鱼类以及一些馒头蟹科和梭子蟹科蟹类。

海草床

龙湾港海草床

湾内开阔，生长有大片的海草，向南与潭门港岸线海草床基本连成一片，海草种类有泰莱草和海菖蒲。海草平均密度 248 株/米^2，平均盖度为 74.85%。该海域沿岸海草床共调查到鱼类 12 种，还调查到馒头蟹科和梭子蟹科蟹类。伴生生物有 17 种。

新村港海草床

该港的海草分布，南部海域以大片分布为主，东部海域以点状分布。海草种类有泰莱草、海菖蒲、海神草、羽叶二药藻和小喜盐藻。海草平均密度 547 株/米^2，平均盖度为 65.5%。共调查到鱼类 8 种。伴生生物有 21 种。

黎安港海草床

该海域的生物资源非常丰富，海草面积约有 1.0 平方千米，海草基本以大面积分布，偶有小面积分布。海草种类有泰莱草、海菖蒲、海神草和针叶藻。海草平均密度为 254 株/米^2，平均盖度为 57.8%。该港海草床底栖生物丰富，常见的类群有紫海绵、梭子蟹、网新锚参、细鳞刺等。伴生生物有 25 种。

长圮港海草床

海草分布一般以混合方式生长，也有单种小面积分布。海草种类有泰莱草、海菖蒲、喜盐藻、二药藻和针

海草床

叶藻。海草平均密度 291 株/米^2，平均盖度为 54.6%。该海域沿岸海草床共调查到鱼类 8 种，及大量的馒头蟹科和梭子蟹科的蟹类。伴生生物有 17 种。

海南东部的文昌、琼海和陵水沿岸海域，有大片海草床分布，监控区长圮港与琼海岸线南端的龙湾港、潭门港和地处文昌岸线北端的高隆湾海草床连成了海南东部沿岸大片海草资源。与珊瑚礁生态相比，海草床生态系统相对较稳健，但海洋资源开发、高密度养殖会给海草生存带来很大的压力，特别是像炸鱼等破坏性作业行为，更会使海草资源遭到破坏。

红树林

红树林的分类与分布

什么是红树林

红树林是一种稀有的木本胎生植物。所谓的红树林是指由红树科的植物组成，组成的物种包括草本、藤本红树。它生长于陆地与海洋交界带的滩涂浅滩，是陆地向海洋过渡的特殊生态系。

红树林的分类

红树植物是唯一在红树林中海滩中生长并经常可受到潮汐浸润的潮间带上的木本植物，包括蕨类植物卤蕨。

半红树植物是只有在洪潮时才受到潮水浸润，是陆、海都可生长发育的两栖植物，有露兜、水黄皮、杨叶肖槿、黄槿、海芒果。

红树林

伴生植物是生长在红树林区经常受潮汐浸润的非木本植物，如一些棕榈植物和藤本植物（三叶鱼藤）。

红树科植物是分类上归属于红树科的植物。红树林的组成以红树科植物为主，如木榄、海莲、秋茄、红树、红海榄等。但是还有许多红树科植物不是红树林的成员，如有些长在陆地上，有些长在高山上，这些即红树科非红树植物。

红树林是发育在特殊环境下的生物群落，因此典型的红树林植物种类并不是很多，而由于红树林植物可以借助海流传遍后代，只要海域相通，相距遥远的红树林可以有相似的组成。

非洲大陆和美洲大陆将热带大西洋与热带印度洋和热带太平洋隔离开来，而热带印度洋和热带太平洋则海水相通，这样一来，红树林就形成了西方和东方两大群系。

木　榄

热带印度洋和热带太平洋交界的地方是世界上面积最大的群岛——南洋群岛，具有最漫长的热带海岸线，成为东方群系红树林的发育中心。南洋群岛及附近地区的红树林在世界上面积最大，种类最多，生长得也最茂盛，红树林在这里长成高大的乔木状，高可达35～40米，与热带雨林连成一片，使南洋群岛中的很多岛屿从海岸边到山顶都覆盖着郁郁葱葱的森林。

秋茄树

东方群系在辽阔的热带印度洋和热带太平洋上分布范围非常广，西到非洲的印度洋沿岸，东到太平洋诸岛，南到新世纪太阳最先升起的地方——新西兰的查塔姆群岛，北到日本和中国南方的海岸。红树林在赤道附近树木高大，种类繁多，向南北种类减少，树木也低矮很多。我国是红树林的北部边缘，海南的红树林在我国境内是发育最好的，最高可达10～15米，红树林的种类与南洋群岛很相似，但群落的高度远不如南洋群岛，再向北到福建境内则多呈现矮小的灌木状，并且只有寥寥数种。

在亚洲和澳大利亚北部等地的红树林分布区域附近还有一类水椰群落，在我国只见于海南的东南部沿海。水椰群落可以算作一种半红树林群落，喜欢生活在半咸水的环境中，在咸、淡水相交的河口，河滩地区最常出现。

西方群系红树林以美洲的加勒比海，南美洲的北部沿海和非洲的几内亚湾沿岸为中心，其植物的种类远比东方群系红树林要少，但森林仍然高大茂盛。在南美洲的北部沿海的红树林与亚马孙的热带雨林相连，成为这片世界上最辽阔的热带森林的一部分。南北美洲在历史上曾经分开，因此，西方群系红树林可以越过美洲大陆到达太平洋东岸，在太平洋诸岛的斐济和汤加等地，西方和东方两大群系的部分种类可同时出现。

世界上的红树林大致分布在南北回归线之间的范围内，共有两个分布中心，一个在东亚，一个在中南美洲，而以东亚的较为繁茂。我国的红树林与东亚的红树林是同一类型，主要分布于广西、广东、海南、台湾、福建和浙江南部沿岸。其中，广西壮族自治区的红树林资源量最丰富，面积占全国红树林面积的1/3。在太平洋西岸，无论是种类和分布范围，我国的红树林最具有代表性。

红海榄

我国红树林分布与保护

红树林是我国的保护物种，近10多年来，先后建立了国家级（3个）、省级（4个）、县级（8个）红树林保护区15个，并制订了相应的保护法律法规。然而，得到10多种国家和地方法律、法规保护的红树林并没免于刀俎之灾。近40年来，特别是最近10多年来，由于围海造地、围海养殖、砍伐等人为因素，红树林面积由40年前的4.2万公顷减少到1.46万公顷，不及世界红树林面积1700万公顷的千分之一。特别是在《海洋环境保护法》和《国家海域使用管理暂行规定》颁布实施多年的今天，有些人无视国家法规，急功近利，仍然在大片地砍伐红树林，包括几个国家级红树林自然保护区都遭到不同程度的砍伐破坏，其中尤以广西壮族自治区砍伐红树林为甚。全区原有红树林22387公顷，到1993年仅剩5654公顷。据不完全统计，广西近几年已砍伐和已列入填海造地规划的（已批准）即将砍伐的红树林将达1000公顷。

红树林是我国保护物种

红树林鸟类自然保护区位于深圳湾北东岸深圳河口，面积为368公顷，是我国唯一位于市区、面积最小的自然保护区，也被国外生态专家称为“袖珍型的保护区”。每年有白琴鹭、黑嘴鸥、小青脚鹬等189种，上10万只候鸟南迁于此歇脚或过冬。保护区内除红树林植物群落外，还有其他55种植物，千姿百态。它是深圳市区内的一条绿色长廊，背靠美丽宽广的滨海大道，与滨海生态公园连城一体，面向碧波荡漾的深圳湾，不仅是鸟类栖息嬉戏的天堂、植物的王国，也是人们踏青、赏鸟、观海、体验自然风情的好去处。

天然红树林

1984 年，深圳福田红树林保护区正式创建，当时的总面积为 304 公顷。只有一条老路通到这里，当地的渔民在这里利用沿袭下来的基围鱼塘养鱼，然后就是大片大片的天然红树林、果园和其他天然林。1986 年，世界野生生物（国际）基金会主席、英女王的丈夫菲利普亲王，在英女王访华时，特意南下深圳，登上红树林的观鸟亭，饱览深圳湾湿地风光。丹麦野生生物基金会主席、丹麦女王的丈夫亨里克亲王也曾于 1989 年，兴致勃勃地到此观鸟，并将红树林称为“绿色明珠”。

深圳红树林可以说是盛名远播，现在来深圳的海内外游客，都要去海滨生态公园看看沿海岸逶迤的红树林、在此越冬的数万只水鸟翔集的壮观场面。红树林与香港米埔自然保护区一水相隔，共同构成了具有国际意义的深圳湾湿地生态系统，也成为深港边界上最具特色的风景线。

广东珠海红树林：主要分布于淇澳岛、横琴岛和红旗西堤、磨刀门和鸡啼门水道出海口附近堤岸，其中，位于淇澳岛西北部大围湾的淇澳红树林保护区面积最大，是目前该市保存最完整、最集中连片的林分，树高 4～6 米。它不仅是珠海市的珍稀资源，也是珠江三角洲不可多得的一片红树林湿地，同时是全国少有的紧靠大城市的红树林区之一。

海南东寨港国家级红树林自然保护区位于海南省文昌市铺前镇约 6 千

米长的沿海岸线上，67 多公顷的红树林区已全面挖塘养殖，近半数的红树林遭受严重破坏。海南东寨港国家级红树林自然保护区，总面积约 3300 多公顷，有林面积 2000 多公顷，列入《世界湿地名录》。但从 1993 年以来，不断有群众进入保护区砍红树、挖塘搞养殖，大片大片的红树林区成为荒芜的水泥塘。

海南东寨港红树林

广东湛江红树林国家级自然保护区位于广东省湛江市境内，面积 1.9 万公顷，1990 年经广东省人民政府批准建立，1997 年晋升为国家级自然保护区，核心保护区高桥红树林保护区为中国最大的红树林连片生长基地，主要保护对象为红树林生态系统。该区地处雷州半岛，受热带海洋气候的影响，沿海滩涂上分布着较大面积的红树林植被，其中红树植物有 12 科、16 属、17 种，是除海南岛外我国红树植物种类最多的地区。此外，保护区内拥有数量和种类众多的鹤类、鹳类、鹭类等水禽及其他湿地动物，据初步统计，仅鸟类就有 82 种，其中留鸟 38 种、候鸟 44 种。湛江红树林保护区作为我国现存红树林面积最大的一个自然保护区，在控制海岸侵蚀、保持水土和保护生物多样性等方面发挥着越来越重要的作用。

广西山口红树林国家级保护区是 1990 年 9 月经国务院批准建立的我国首批（5 个）国家级海洋类型保护区之一，1994 年被列为中国重要湿地，1997 年 5 月与美国佛罗里达州鲁克利湾国家河口研究保护区建立姐妹保护区关系，2000 年 1 月加入联合国教科文组织世界生物圈，2002 年被列入国际重要湿地。

红树在控制海岸侵蚀、保持水土和保护生物多样性等方面发挥着越来越重要的作用

山口红树林生态保护区地处亚热带，位于广西合浦县沙田半岛东西两侧，海岸线总50千米，总面积8000平方千米，是中国第二个国家级的红树林自然保护区。

红树苗

福建漳江口红树林国家级自然保护区（简称漳江口保护区）位于福建省漳州市云霄县漳江入海口。最近城镇为云霄县城，位于湿地以西10千米，东北向距离厦门约85千米。主要保护对象以红树林湿地生态系统、濒危野生动植物物种、东南沿海水产种质资源为主。主要湿地类型有红树林、滩涂、水域或组成的河口湿地等。符合《湿地公约》国际重要湿地指定标准的1、2、3、8条。保护区于1992年1月成立，1997年7月经福建省人民政府批准为省级自然保护区，2003年6月经国务院批准升格为国家级自然保护区，2008年被列入《国际重要湿地名录》。

漳江口保护区内植被类型分为红树林、滨海盐沼、滨海沙生植被3个植被型，有白骨壤林等13个群系，有秋茄—老鼠等22个群丛。区内有维管束植物224种，有红树植物5科6属6种，盐沼植物16科27属29种1变种，滨海植物59科152属184种。区内营养丰富，从而微生物资源丰富，有微生物12科27属45种，与陆地生境的微生物数量比较，红树林土壤细菌数量高于一般陆地生境，而土壤放线菌、真菌数量较少是漳江口红树林国家级自然保护区土壤微生物数量分布的主要特征。

红树林的主要特征

红树林是至今世界上少数几个物种最多样化的生态系之一，生物资源量非常丰富，如广西山口红树林区就有111种大型底栖动物、104种鸟类133种昆虫。广西红树林区还有159种和变种的藻类，其中4种为我国新纪录。这是因为红树以凋落物的方式，通过食物链转换，为海洋动物提供良好的生长发育环境，同时，由于红树林区内潮沟发达，吸引深水区的动物来到红树林区内觅食栖息、生产繁殖。由于红树林生长于亚热带和温带，并拥有丰富的鸟类食物资源，所以红树林区是候鸟的越冬场和迁徙中

转站，更是各种海鸟的觅食栖息、生产繁殖的场所。

红树林有防风消浪、促淤保滩、固岸护堤、净化海水和空气的功能

红树林是热带、亚热带河口海湾潮间带的木本植物群落。以红树林为主的区域中动植物和微生物组成的一个整体，统称为红树林生态系统。它的生境是滨海盐生沼泽湿地，并因潮汐更迭形成的森林环境，不同于陆地森林生态系统。热带海区 60%～70%的岸滩有红树林成片或星散分布。

红树林另一重要生态效益是它的防风消浪、促淤保滩、固岸护堤、净化海水和空气的功能。盘根错节的发达根系能有效地滞留陆地来沙，减少近岸海域的含沙量；茂密高大的枝体宛如一道道绿色长城，有效抵御风浪袭击。1958 年 8 月 23 日，福建厦门曾遭受一次历史上罕见的强台风袭击，12 级台风由正面向厦门沿海登陆，随之产生的强大而凶猛的风暴潮，几乎吞没了整个沿海地区，人民生命财产损失惨重。但在离厦门不远的龙海县角尾乡海滩上，因生长着高大茂密的红树林，结果该地区的堤岸安然无恙，农田村舍损失甚微。1986 年广西沿海发生了近百年未遇的特大风暴潮，合浦县 398 千米长海堤被海浪冲垮 294 千米，但凡是堤外分布有红树林的地方，海堤就不易冲垮，经济损失就小。许多群众从切身利益中感受到红树林是他们的“保护神”。

红树林

胎生现象——红树林最奇妙的特征是所谓的“胎生现象”，红树林中的很多植物的种子还没有离开母体的时候就已经在果实中开始萌发，长成棒状的胚轴。胚轴发育到一定程度后脱离母树，掉落到海滩的淤泥中，几小时后就能在淤泥中扎根生长而成为新的植株，未能及时扎根在淤泥中的胚轴则可随着海流在大海上漂流数个月，在几千里外的海岸扎根生长。

红树林

特殊根系——红树林最引人注目的是密集而发达的支柱根，很多支柱根自树干的基部长出，牢牢扎入淤泥中形成稳固的支架，使红树林可以在海浪的冲击下屹立不动。红树林的支柱根不仅支持着植物本身，也保护了海岸免受风浪的侵蚀，因此红树林又被称为“海岸卫士”。

红树林经常处于被潮水淹没的状态，空气非常缺乏，因此许多红树林植物都具有呼吸根，呼吸根外表有粗大的皮孔，内有海绵状的通气组织，满足了红树林植物对空气的需求。每到落潮的时候，各种各样的支柱根和呼吸根露出地面，纵横交错，使人难以通行。

泌盐现象——由于热带海滩阳光强烈，土壤富含盐分，红树林植物多具有盐生和适应生理干旱的形态结构，植物具有可排出多余盐分的分泌腺体，叶片则为光亮的革质，利于反射阳光，减少水分蒸发。

红树林的生存环境

地质地貌

红树林主要分布于隐蔽海岸，该海岸多因风浪较微弱、水体运动缓慢而多淤泥沉积。因此，它与珊瑚礁一样都是“陆地建造者”。自然发育的滩面，平坦而广阔，常可沿河口海湾、三角洲地区或沿河口延伸至内陆数公里。红树林大部分分布于潮间带，而以中潮滩为最繁茂区。

红树林大部分分布于潮间带

红树林生长与地质条件也有关系，因为地质条件可能影响滩涂底质。如果河口海岸是花岗岩或玄武岩，其风化产物比较细粘，河口淤泥沉积，适于红树林生长。如果是砂岩或石灰岩的地层，在河流出口的地方就形成沙滩，大多数地区就没有红树林生长。

底质

红树林适合生长在细质的冲积土上。在冲积平原和三角洲地带，土壤（冲积层）由粉粒和黏粒组成，且含有大量的有机质，适合于红树林生长。一般红树林土壤是初生的土壤，含盐量 0.2%～2.5%，pH 值为4～8，少有 pH 值在 3 以下或 8 以上。

温度

红树林分布中心地区海水温度的年平均值为 24～27℃，气温则在 20～30℃范围内。我国海南岛海口的海水温度年平均在 25℃左右，而厦门全年平均水温为 21.7℃，平均气温为 20.9℃。后者红树林种类仅 5 种，比前者红树植物种类 25 种少得多。

红树林具有耐盐特性

海水和潮汐

含盐分的水对红树植物是十分重要的，红树植物具有耐盐特性，在一定盐度海水下才成为优势种。虽然有些种类如桐花树、白骨壤既可以在海水中生长，也可以在淡水中生长，但在海水中生长较好。另一个重要条件是潮汐，没有潮间带的每日有间隔的涨潮退潮的变化，红树植物是生长不好的。长期淹水，红树很快死亡；长期干旱，红树将生长不良。

红树林的繁殖方式

红树林的果实

红树是构成红树林的主要树种，因为它的树皮能制造棕红色的染料而得名，隶属于红树科。红树和其他海岸红树林的树种都以一种特殊的方式繁殖后代，这是它们与其所生活的环境长期适应的结果。由于在海岸地带常常风大浪急、潮汐起伏，海滩的土壤都是松软的淤泥，一般树木的种子根本没法萌发生长。红树在春天和秋天要开两次花，结的果实都特别多，像一根根小棍棒一样倒挂在树枝上。当果实成熟后，它们并不像一般植物那样自动离开大树，降落到附近的土地上，然后自己慢慢地成长壮大，而是恰好相反，它们先不脱离母树，而是在果实中萌发，一刻不停地吸取母树的营养，就如同出生的幼仔吸食母兽的乳汁一样，一直到种子已经变成大约33厘米长的小红树，而且长出嫩绿的枝芽，才离开母树，一头扎到泥土中，只要在几小时内就能长出根来，再也不害怕风浪了。红树和其他红树林植物就是靠这种本领不断繁殖，在海滩形成大片的红树林。由于这种繁殖后代的方法就像哺乳动物的怀孕和分娩，所以用这种奇特方式繁殖后代的植物，也被称为“胎生植物”。

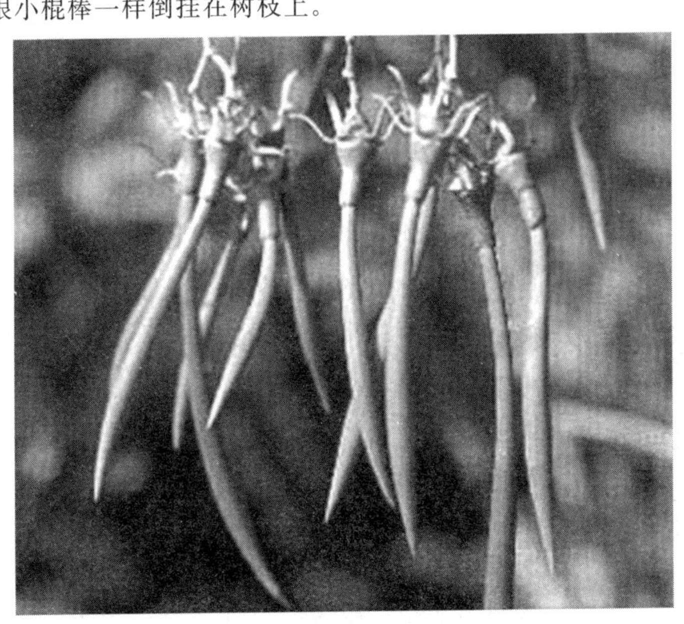

红树林的果实

红树林植物独特的生存方式主要表现在：独特的胎生苗繁殖；排盐；保水的叶片；多功能的支持根与呼吸根。哺乳动物以母体怀胎的方式孕育幼子，“胎生”似乎是动物才有的专有名词，然而属于红树林的树种中，也有许多具有这种独特的繁殖方式。种子是植物的生命之源，在萌芽时需要充分的水分与氧气，但在极度缺氧与盐度高的沼泽软泥上，既不适合种子发芽，也不利于幼苗的生长，因此红树科的植物就发展出这种先发芽、后落地生根的繁殖方式，以克服沼泽地的恶劣环境。

胎生特点

胎生的红树林植物，也是经由开花、结果，产生它们的下一代种子，但是种子即使成熟了，也不从树上脱落，相反的，包藏在果实体内部的胚芽开始发育，渐渐地变为带有胚茎的“笔状胎生苗”；胎生苗从母株吸收营养，并利用胚茎上的皮孔呼吸，继续成长到成熟可脱离母树，尖尖长长的“笔”像一个小椎子，直直落下并插入软泥中，开始发根且长出新叶，展开生命中的新页。水笔仔的胎生苗发育期比较短，大概七八个月就会成熟，所以在夏末开花后，可以逐渐观察到结果、胎生苗发育，一直到第二年春天，同果实一起从树上掉落，一旦瓜熟蒂落，它便借助自身的重力作用，插入淤泥之中，只要几个小时即可扎根固定，下次潮水来时就冲不走了。如果种子落在潮水中，由于胚轴中有气道，比海水轻，可以随水漂流，远播他处，历经两三个月也不会死。我们走进红树林中，看见树上吊着各种各样的种子，有的像豆荚，有的像羊角，有的像纺锤，有的像子弹。这种酷似胎生的繁殖方式，在植物界中是独一无二的。所以一年四季之内，红树林中不是这个开花，就是那个结实，时刻都在繁育新的生命，真是一座永不凋谢的绿色长城。这些胎生的小苗万一在第一次落下运气差一点，没有插入泥中，也能乘着潮水，漂流他方，重新落地生根。这些胎生苗的内部具有间隙组织，饱含空气，因此比重较水为轻，可以在水面漂流数月，胚茎表皮还含有不好吃的

红树林的果实即使成熟了，也不从树上脱落

单宁酸，可以避免软体动物及甲壳类的侵袭，因此，这样的植物可以播迁远方，而广布于全世界的热带、副热带地区。

红树林的生态意义与经济价值

风情万千的红树林海岸

再没有比这个景象更能使你浮想翩翩了：你架一叶机动扁舟驶进南方的某一处海岸带，舟下是翠碧剔透的海水，两旁是郁郁葱葱的绿林，千百条同样翠碧剔透的水道，在绿林中交错纵横，随着你的扁舟驶过，白色的海鸥掠起一片。你为此会惊叹大自然的美妙、大自然的神奇。这便是红树林海岸。

红树林海岸

红树林海岸

红树林海岸是生物海岸的一种。红树植物是一类生长于潮间带的乔灌木的通称。潮间带是指高潮位和低潮位之间的地带。红树植物的种属繁多，但从世界范围来讲，它分为西方群系和东方群系两大类。我国红树林与亚洲、大洋洲和非洲东海岸的种类同属于东方群系。因受地理纬度的影响，热量和雨量由低纬度向高纬度减少，红树林种属的多样性从南到北逐渐过渡到比较单纯，植枝的高度由高变低，从生长茂盛的乔木逐渐过渡到相对矮小的灌木丛。

我国的红树植物主要分布在我国华南和东南的热带、亚热带沿岸。我国海南岛红树植物最为丰富，种类最多，为37种；广西、广东、台湾次之；福建更次之；到了浙江则仅剩一种，还是人工引进种植的。红树植物自然生长的北界在北纬27度20分左

右，即在福建省鼎一带。但似乎在北纬 24 度 27 分的福建厦门是一个界限，在此南，红树林海岸发育很好；在此北，红树林海岸稀少。虽然台湾和福建地理纬度相同，但是台湾沿岸的红树植物种属比福建多得多，这是由于台湾受太平洋黑潮暖流影响的缘故。

红树植物的生长发育与地理纬度、气温、雨量有极大关系。海南岛东海岸的文昌一带红树植物郁郁葱葱，树高 12～13 米；在纬度高一些的北纬 21 度 37 分的广西山口附近，红树植物树高 3～5 米；在福建泉州湾中红树最高只有 2.2 米；在北纬 27 度 20 分的福建省福鼎沙埕港内，红树的高度只有 0.8～1.0 米，呈灌木丛出现。

红树林的作用

红树林是热带海岸的重要生态环境之一，是良好的海岸防护林带，又是海洋生物繁衍栖息的理想场所，对发展生态旅游业也有积极作用。且红树本身也具有较高的经济价值和药用价值。总的来说，红树林具有社会、生态、经济三方面的效益。

天然的海岸防护林

红树植物的根系十分发达，盘根错节屹立于滩涂之中。红树林对海浪和潮汐的冲击有着很强的适应能力，可以护堤固滩、防风浪冲击、保护农田、降低盐害侵袭，对保护海岸起着重要的作用，为内陆的天然屏障，有“海岸卫士”之称。

红树林有“海岸卫士”之称

净化海水

红树林可净化海水，吸收污染物，降低海水富营养化程度，防止赤潮发生。

促淤造陆

红树林在海滩上形成了一道樊篱，促进了淤泥的沉积，而密致的支柱根，加速了淤泥的沉积作用。随着红树群落向外缘发展，陆地面积也逐渐扩大。

科研、教育、生态旅游

红树林是最具特色的湿地生态系统，兼具陆地生态和海洋生态特性。其特殊的环境和生物特色使得红树林成为自然的生态研究中心，对科普教育、发展生态旅游业也有积极作用。

红树林自然保护区

红树林自然保护区是为了保护红树林而建立的一种自然保护区。红树林是热带、亚热带海湾、河口泥滩上特有的常绿灌木和小乔木群落。红树林具有呼吸根或支柱根，种子可以在树上的果实中萌芽长成小苗，然后再脱离母株，坠落于淤泥中发育生长。小苗掉在海水中即使被海浪冲走，也能随波逐流，数月不死，一遇泥沙，数小时后即可生根成长。红树林生态系是世界上最富多样性、生产力最高的海洋生态系之一。

红树林

红树王国

红树种子随波逐流，红树蔚然成林。红树林是热带、亚热带滨海泥滩上特有的常绿灌木或乔木植物群落，大部分树种属于红树科，生态学上通称为红树林，是能生长于海水上的绿色植物。世界上红树林有23科81种、海南有23科41种，最高者达10米，很多红树具有奇特的“胎生”现象。这里的红树林生长良好，丛林茂密涨潮时分，红树林的树干被潮水淹没，只露出翠绿的树冠随波荡漾，成为壮观的“海上森林”，有水鸟展翅其间，游人可乘小舟深入林中，红树林是热带海岸的重要标志之一，能防浪护岸，又是鱼虾繁衍栖息的理想场所，具有重要的经济价值和药用价值、观赏价值。

红树林是鱼虾繁衍栖息的理想场所

水上绿洲

由于红树林生境独特，生物特性及形态特点都别具一格。红树林生长在海水中，林、水合为一体，红树林中有无数小水道，栖息着多种濒危鸟类，游船进入水道犹如进入绿色的迷宫，其美妙之处难于言喻，具有独特的观赏价值。

鸟的天堂

在东寨港里栖息的鸟类据统计有159种之多，其中有列为中澳保护候鸟协定的81种鸟类中的35种，列入中日保护候鸟协中国红树植物种类最多，红树林生长最好的地方的有75种。东寨港是许多国际性迁徙水禽的

红树兼具陆地生态和海洋生态特性

重要停歇地和连接不同生物区界鸟类的重要环节。冬天是在东寨港观鸟的好季节，成千上万的鸟类给东寨港增添了一道亮丽的风景线。珍稀濒危、属国家二级保护鸟类的黑脸琵鹭、白琵鹭，靠吃这里的鱼虾生活。黑嘴鸥是在东寨港的越冬水禽，集中栖息在东寨港保护核心区的五沟口和实验区的闸门滩涂地。

天然渔场

东寨港也是海洋动物的产卵地和育雏地，鱼、虾、贝类资源丰富，主要有沙虫、泥蚶、牡蛎、蛏、斑节对虾、墨吉对虾、锯缘青蟹、鲷鱼、鲻鱼、鲈鱼等。在红树林的滋养下，东寨港海鲜腴肥可口，有“红树林海鲜”之称。

动物世界

一份权威调查表明，红树林内动物资源非常丰富。水栖动物有 18 种，爬行、两栖动物有 8 种。水禽类动物更为丰富，约有 159 种。东寨港自然保护区内哺乳动物有 8 种，主要有海南巨松鼠、海南水獭、犬蝠等，其中海南水獭为国家二级保护动物。两栖爬行类主要有斑腿树蛙、变色树蜥和泽蛙等，爬行动物主要为蛇类。昆虫有蝶类 6 科 27 种。鱼类有 57 种，其中大多具有较高经济价值，如鳗鲡、石斑鱼、鲈鲷鱼等。底栖动物有 92 种，主要有沙蚕、泥蚶、牡蛎、蛤、螺、对虾、螃蟹等，都具有较高的经济和食用价值。

红树林是鸟的天堂